前言

個人和社會如何連結起來？

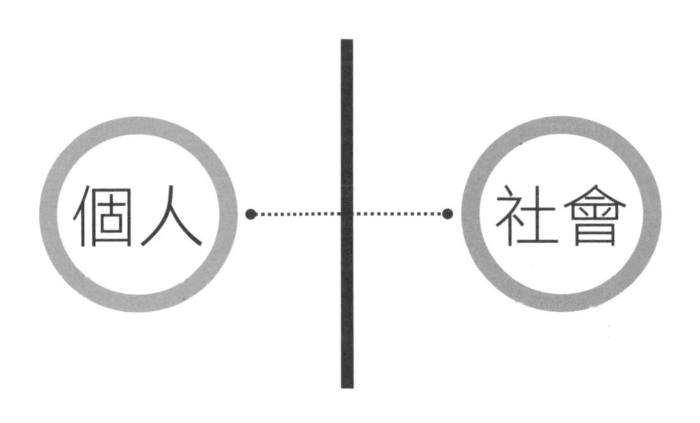

我的工作，是如何與社會連結在一起？
要理解這中間的連結是很困難的一件事

連結個人和社會的會計

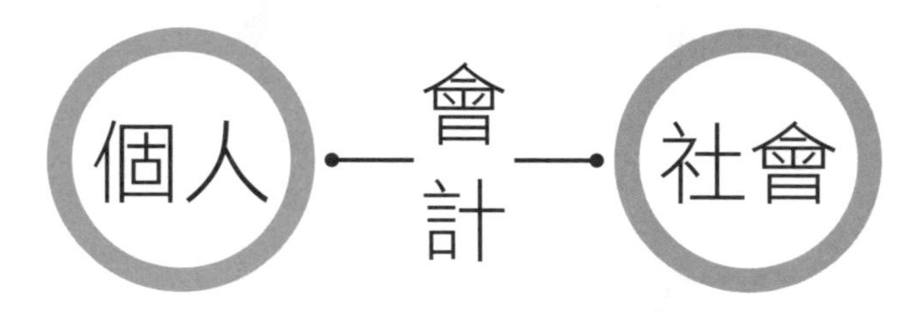

社會上流動的金錢超乎我們的想像
學會會計，就能幫助我們瞭解其中的連結

從貼近個人的觀點來觀察

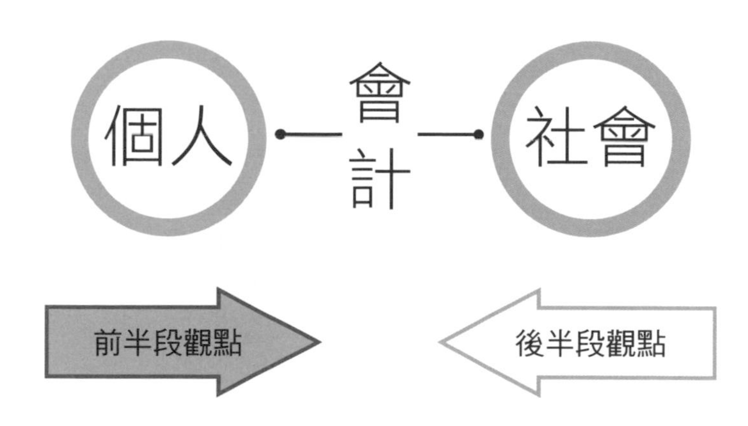

為了透過會計來觀察社會
首先從個人的觀點出發來觀察

●人從事工作是為了什麼？

開門見山地說，我認為現在大部分的人所從事的工作，不是「提高營業額」，就是以「降低費用」為目標。你的工作是屬於哪種類型呢？當然，我的意思不是說這些都不對，也不可能不對。

然而，對於一味追求眼前的數字，長年始終致力於提高營業額、降低費用的工作，各位不覺得有種不協調感油然而生嗎？眼前的工作，最終目標究竟是什麼？能和什麼事物產生關聯，難道各位不曾有過想實際感受一下的時刻嗎？

我就曾萌生過這種念頭。換個方式說，就像是與社會的連結感、對社會的貢獻感、自我效能感之類的東西。我透過目前的工作，與社會連結在一起，對社會帶來影響，就是這樣的感覺。

每個個體透過工作，能夠對社會帶來哪些幫助？

這就是我想知道的事。

雖說如此，但我們又看不見貢獻感這種模稜兩可的東西，所以才要通過金錢的流向來衡量；而金錢的流向，正是我們可以直接觀察的指標。換言之，有多少資金、運用在哪些地方、如何流動，這些都可以用數字來表示。

不單是工作，在日常生活中，光是購買商品，大家就與社會的經濟活動密不可分。在這個世界上，生活這件事本身就和整個社會的金錢流動過程脫不了關係。

然而，用來表示目前的工作與社會如何連結的「箭頭」，卻宛如神祕的黑盒子。個人的工作和社會之間的連結，就是如此地難以理解。

歸根究柢，想一口氣縱觀整個社會的金錢流向是極其困難的一件事。因此，通過觀察作為社會主要構成要素之一的「公司」的資金流向，就能明白個人是如何為社會做出貢獻。

而「會計」就是觀察資金流向的工具。

●會計是全球通用的語言

我猜想有不少人一聽到會計這個名詞，就會產生「這門學問似乎很難」的聯想，就連我也是如此。我過去都以為會計與我無關。

然而，**會計不但是社會的基礎設施，也是共通語言**。正因為全世界制定出一套追蹤資金流向，以及如何管理的規則，人們才能夠安心地工作。

換言之，會計將「我」和「社會」連接在一起。所謂的會計，就是對金錢流向的記述，所以瞭解金錢在社會上如何流動，就等同瞭解了整個社會。

我想應該有很多人是為了學習會計而去學習「簿記」。簿記是關於會計的記錄，屬於會計的一部分。「如何記錄」固然很重要，但在實際工作中，真正會用到簿記的人卻少之又少。不過，會計本來就和所有的商務人士都息息相關，一切商務活動都會牽扯到會計。

話雖如此，但還是有很多人找不到學習會計的理由。大部分的人都是爬上管理職，開始從事經營之後，站在對數字負責的立場上，才開始想到「必須得學習會計」。但是在我看來，第一年進入公司的菜鳥、剛畢業的新鮮人，或者是現在還不必對數字負責的職員，由這些今後要肩負社會責任的年輕世代來學習會計，這才有意思。

這是因為──會計是全球共通的語言。就像學英語永遠不嫌早一樣，**只要瞭解會計，就能夠與所有世代和不同立場的人進行對話**。

本書為了讓沒有閱讀過會計相關書籍的人也能看懂，會針對基本概念進行說明。對於熟悉會計的人來說，可能會覺得前面有些部分過於冗長，如果您有這樣的感覺，就算跳過前面不看也沒關係。具備相當程度的讀者，只需要閱讀最後的「Part 3」就能讓我感到很開心了。

那麼，在開始進入主題之前，先和大家談談「如何學習會計才會變得有趣」這個話題吧。我會使用圖解，從結論開始介紹。

究竟什麼是會計？

所謂會計

是一種說明公司資金
出入的工具

英文為Accounting
Account是「說明」的意思

資金的出入是如何發生？

資金的出入是如何發生？

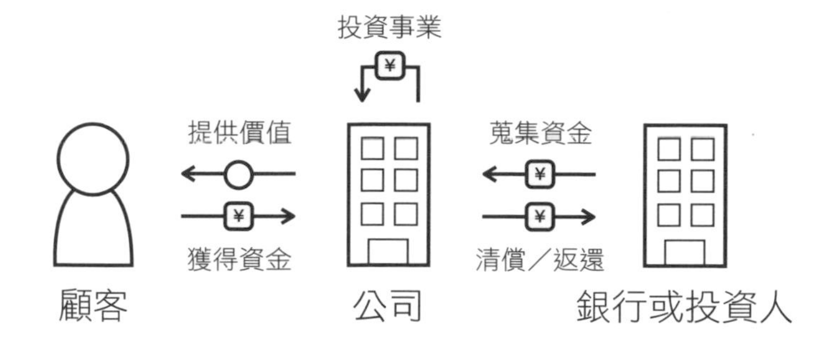

所有公司基本上都是利用會計
來說明持續這個活動的一系列流程

可是會計不容易理解

借方、貸方
應付帳款
分錄
損益表
資產負債表
現金流量表
負債
債權
資產
盈餘
應收帳款
本期稅前淨利

光是會計就讓人覺得很難理解
還有大量複雜的概念，好像和自己沒什麼關係

為什麼會計很難理解呢？

① 專門詞彙難以理解

② 關係難以理解

相關詞彙本身就很難理解
更別提這些詞彙之間的關係了

「會計地圖」是這個難題的解方

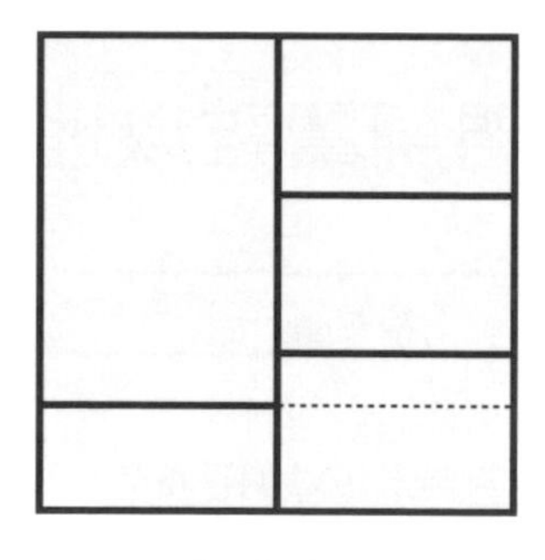

會計地圖

靠這一張圖就能說明會計的概要
如此即可解決難以理解的問題

困難的詞彙也用同一張圖理解

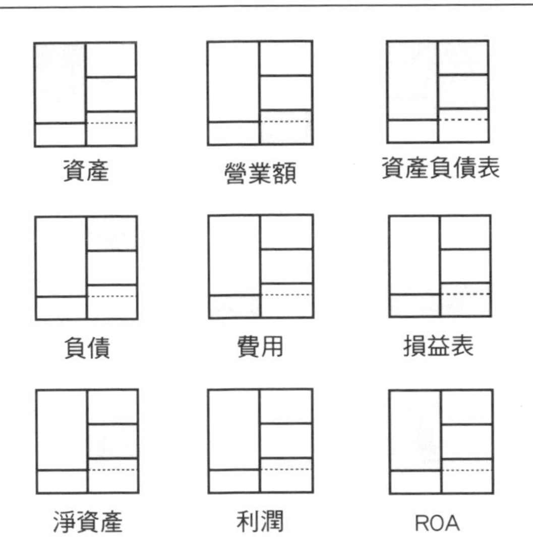

難以理解的詞，也可以用同樣的圖來表示
把這張圖記在腦海裡就沒問題了

關係也可以用同一張圖來呈現

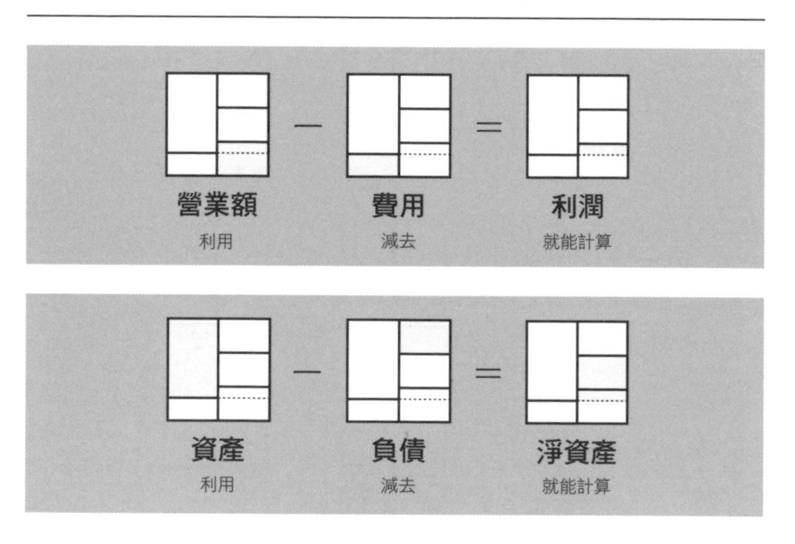

像這樣通過視覺化的圖表
就能輕鬆地理解彼此間的關係

會計地圖搭起個人和社會的橋梁

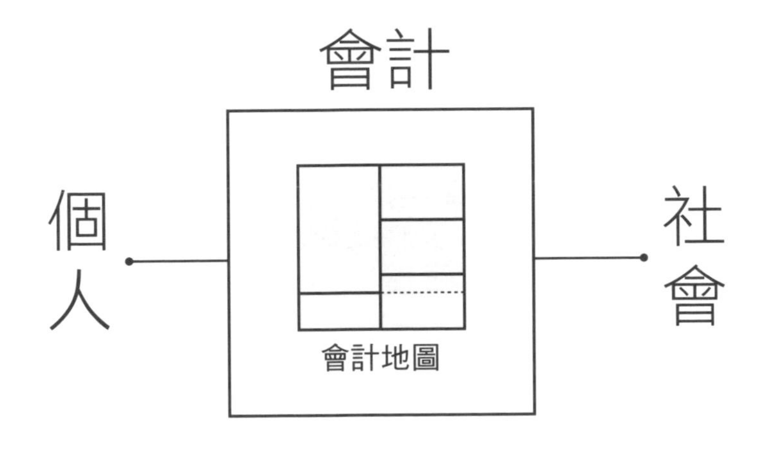

通過這項工具來瞭解會計
將個人與社會的連結方式視覺化

這是一本教你**用一種圖示法來掌握會計全貌**的書，我將這個圖命名為「會計地圖」。熟悉會計的人或許無法認同，但對於像我這種可能一輩子都不瞭解會計的人來說，用這樣的簡單說明學習會計，卻是再適合不過了。

●真要說起來，會計其實一點也不難？

可能有些人會不禁納悶，會計為何如此難以理解？其實有兩點原因。**首先是「專門詞彙」難以理解，其次是「關係」難以理解**。

會計的用語清一色都是意義不明的詞彙。好比「本期稅前淨利」、「固定長期適合率」，這些名詞聽起來就和咒語沒有兩樣。熟悉會計的人對這些名詞早已見怪不怪，但對於初學者來說，這些名詞不僅難以理解，就連概念也不容易想像。

再加上，即使瞭解個別詞彙的意思，也很難弄清楚每個詞之間的關係。舉例來說，「利潤」可以用「營業額」減去「費用」計算出來。唯有同時具備營業額和費用兩邊的概念，利潤才得以成立。

本書所介紹的會計相關詞彙，並非一個個獨立存在，這些詞彙之間都互有關聯，而這些關聯本身也具有其意義。只從單一角度掌握所有的詞彙，也難以看清會計的全貌。

●不必背誦術語，集中掌握概要

試著用一張視覺化的圖，來學習具有雙重難度的會計，這張圖就是我命名為「會計地圖」的工具。這種寫法本身並不是什麼全新的方法，只不過是將損益表（PL）和資產負債表（BS）結合在一起的圖罷了。然而，市面上幾乎找不到任何一本用這張圖來徹底說明會計的書籍。

總之，我堅持使用相同的格式說明，這是因為唯有格式相同才能進行「比較」。只要兩相比較，就可以掌握名詞之間的關係，並加深理解的程度。

如果是從未閱讀過會計相關書籍，對此感到惴惴不安的人，請儘管放心。只要按部就班地閱讀下去，就能瞭解會計的全貌，不會讓任何人因會計而受挫，這就是本書的目標。我想一定各位讀到最後，心中一定會懷有「這樣似乎就能理解」的體驗。

只不過，在說明的過程中，多少會有比較詳細的解說。如果各位產生「連這些枝微末節的內容都必須理解嗎？」這種想法的時候，就算跳過那個部分也無妨。

本書的重點是擺在培養俯瞰會計全貌的能力。如果整個看完一遍，之後想再次複習的話，到那個時候再閱讀之前跳過的部分即可。

若是看到這裡，仍然有人覺得「就算作者這麼打包票，但我還是不放心」的話，沒有關係，我特別在此準備一個能夠幫助大家讀完這本書的道具。這個道具就有如RPG遊戲中，國王最初賦予勇者的那種重要的道具。

請大家翻到下一頁。

全體地圖

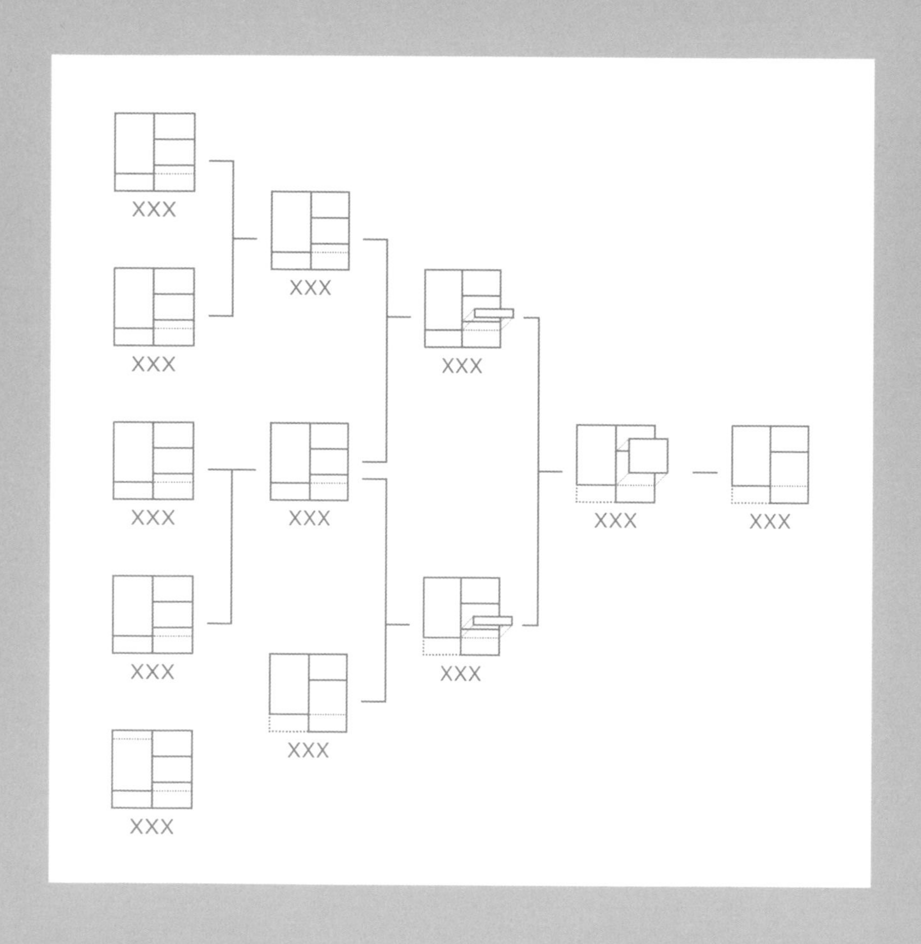

這張描繪著許多空白圖形的圖，就是會計的「全體地圖」。我想告訴大家的內容，全部都濃縮在這一張圖當中。

接下來，我將逐一介紹與會計相關的詞彙。現在雖然只是一張完全沒有內容的空白地圖，但隨著本書閱讀的進度，裡面的內容將會一一填上去。等到最後介紹完所有的詞彙之後，地圖就會全部填滿。

閱讀本書時，如果遇到看不懂或者浮現「現在說到哪裡？」這類迷失方向的疑惑時，不妨檢視一下這張集合所有內容的地圖，幫助自己確認現在所處的位置。

好了，下面就讓我們開始進入正文吧。

Part 1的主題是「公司的資金流向」。這個部分會逐一說明**個人如何為公司做出貢獻**。

Part 2的主題是「公司的價值」。這個部分會逐一說明**公司要從社會中得到什麼**。

Part 3的主題是「社會與會計的連結」。奠基在Part 1和Part 2的內容之上，改從會計的角度出發，逐一探討**社會正在發生什麼樣的變化，今後每一位商務人士都希望從社會中得到什麼東西**等內容。

期待各位能透過本書，親身體會「會計」這個世界的樂趣所在。

為此，請大家務必將「會計地圖」牢牢記住。

地圖可以幫助我們瞭解現在的位置。

地圖可以幫助我們到達目的地。

地圖可以幫助自己往冒險的方向前進。

若各位能活用本書，將本書作為在會計這個廣闊而豐富的世界中漫遊的第一個工具，對我而言即是莫大的榮幸。

目 錄

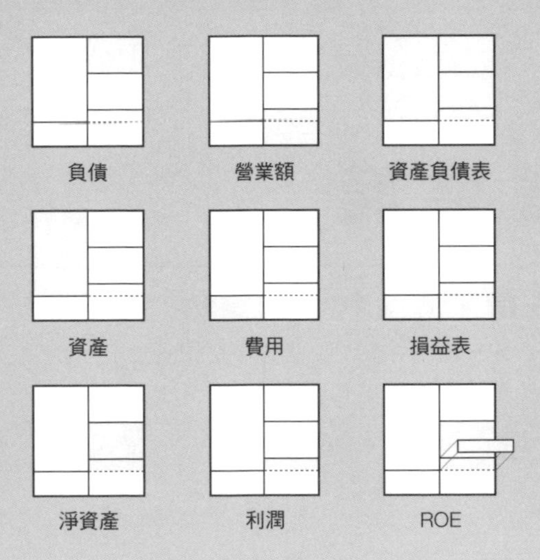

前言

Part 1 個人如何為公司做出貢獻？

1 營業額

「幾個人支付了多少錢」的總和

2 費用

「即使營業額為零也要花費的金額」

4 PL（損益表）

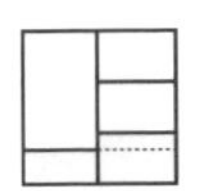

5 資產

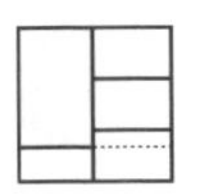

6 負債

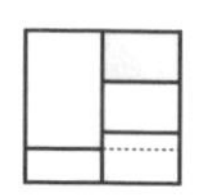

靈活運用使公司成長的資金

7 淨資產

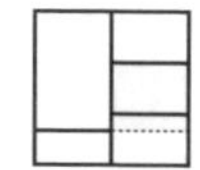

為股東思考「如何使用累積下來的利潤」的金錢

8 BS（資產負債表）

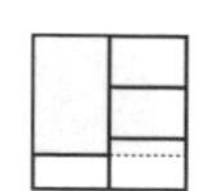

記錄至今為止的歷史，能夠瞭解「公司性格」的文件

9 現金

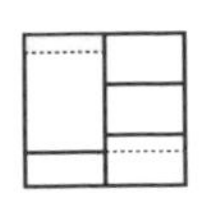

能夠變成任何型態的最強資產

10 CF（現金流量表）

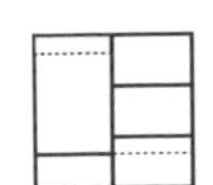

足以充分瞭解現金用途的文件

11 財務三表

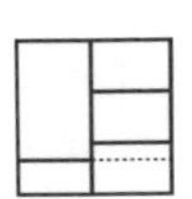

用「利潤」和「現金」連結起來的三份文件

Part 2 公司從社會中得到什麼？

12 市值

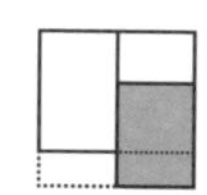

符合世人期待的價值

13 商譽

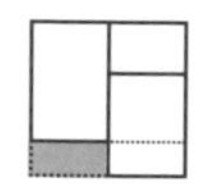

公司的創意和努力所產生的價值本身

14 PBR

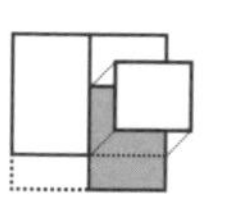

表示「創造商譽能力」的指標

15 ROE

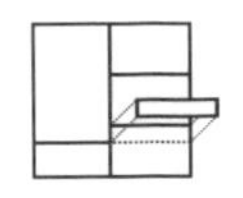

綜合呈現「能賺取多少利潤」的指標

Part 3 個人能為社會做出什麼貢獻？

Part

1

個人如何為公司做出貢獻？

首先我們針對「公司的資金如何流動？」這一點來掌握大致的印象。
從下一頁開始，透過九張流程圖來介紹公司的資金流向。首先將全部九個流程集中在一張圖上進行解說，只要能明白「公司的資金流向都是環環相扣的」這層意義就足夠了，詳細的流程就放在後面一張張分開說明。

利用九個流程來說明

公司的資金

籌措資金，將籌措到的現金化為資產，透過為顧客提供價值，從而賺取利潤。利潤每年都會列入淨資產，使公司不斷發展下去。

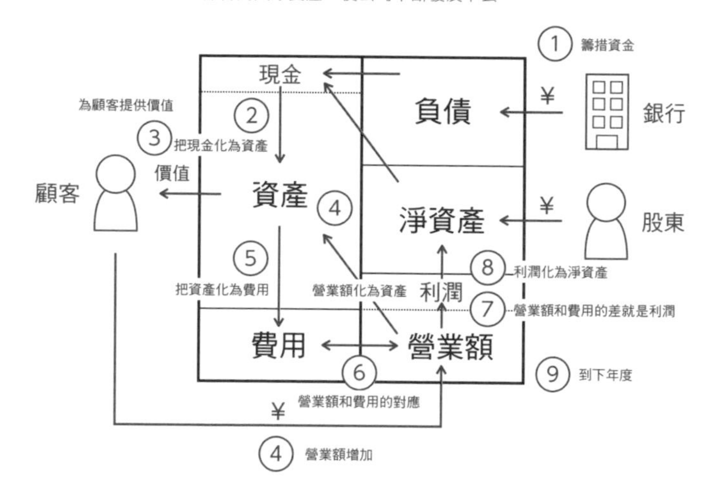

籌措資金

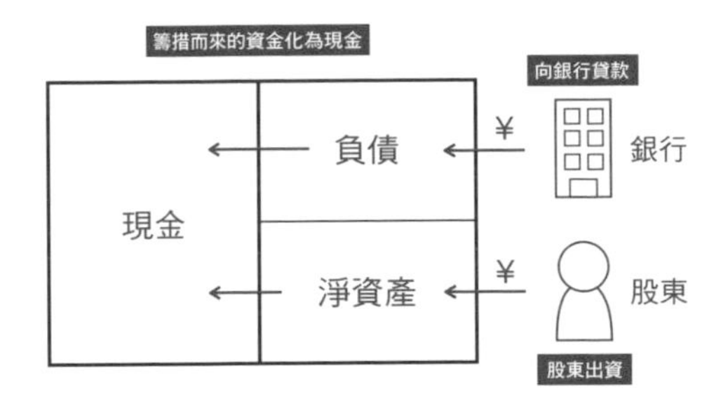

公司從向銀行貸款、股東出資開始從事經營活動。
透過這些管道創造出來的資金
就可以作為現金來使用。

這張圖是財務報表中的資產負債表（簡稱BS），
右邊為「資金的來源」，左邊為「資金的用途」。
作為現金持有也是資金的用途之一。

把籌措而來的資金化為商品

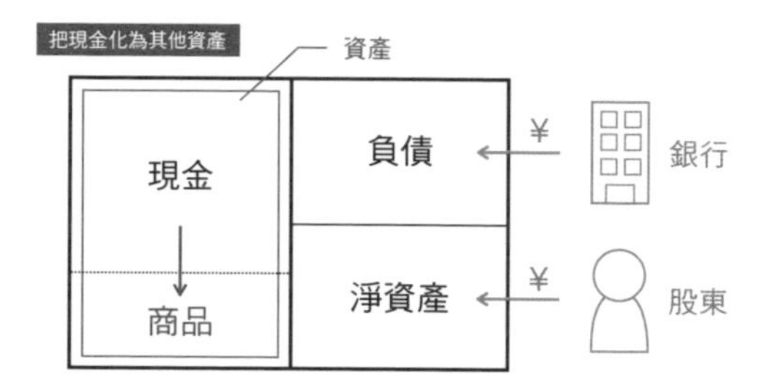

為了製造商品而使用現金
把部分現金換成作為資產的商品

現金用於哪些方面（如何化為其他資產）視企業而異。
製造商品有時必須用到設備。

向顧客銷售商品

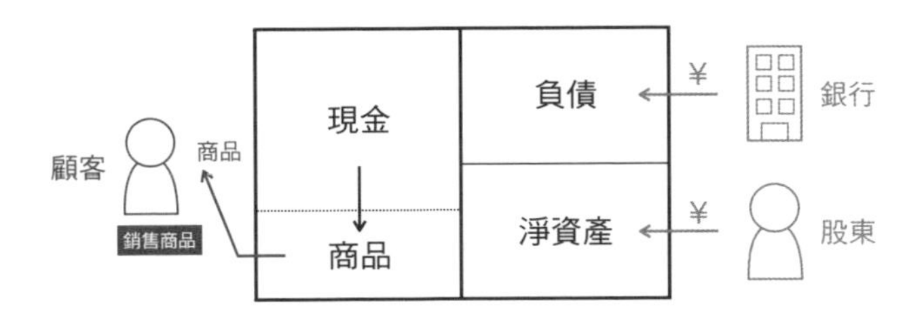

向顧客銷售商品
透過銷售行為提供價值

這裡省略了銷售所需的費用（人事費、促銷費等）。
促銷費是為了促進營業額而產生的費用。

創造營業額，變成應收帳款

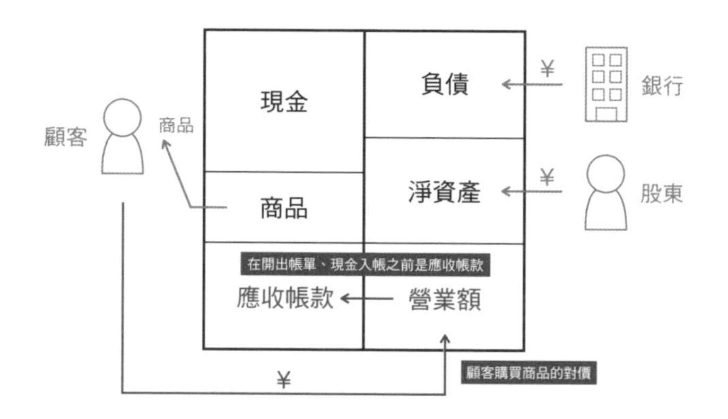

作為商品的對價而產生營業額
同時成為應收帳款

應收帳款是指預計將來會有資金入帳的權利。
若為現金交易，則營業額會當場變成現金，所以不會出現應收帳款。

商品替換成費用

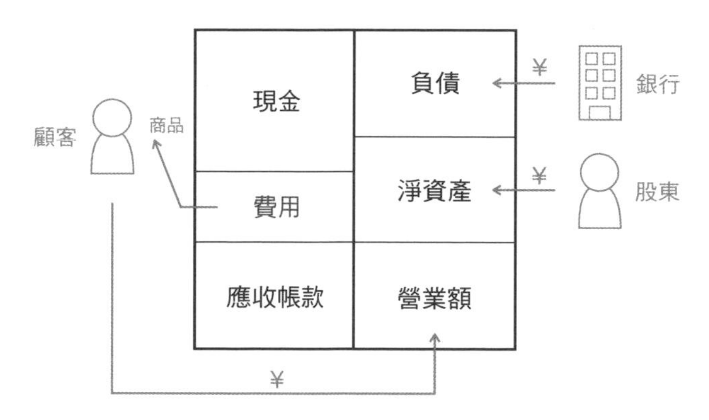

已經售出的商品消失
替換成用來製造商品所花費的費用

這裡的費用稱為銷貨成本。更準確地說，意思是在認列營業額的時候，從資產（商品等）轉換為取得成果所花費的費用（銷貨成本）。

⑥ 使營業額和費用對應

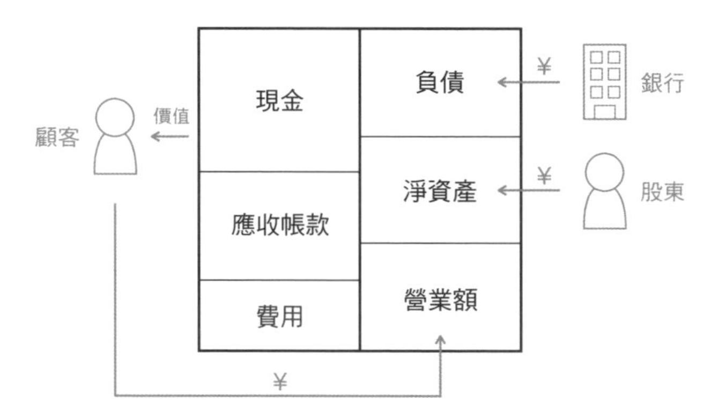

為了計算利潤，使營業額和費用互相對應，將費用挪到下方

在資產（圖的左側）當中，愈容易變現的項目多半會列在愈上方，因此現金被擺在最上面。

營業額減去費用即為利潤

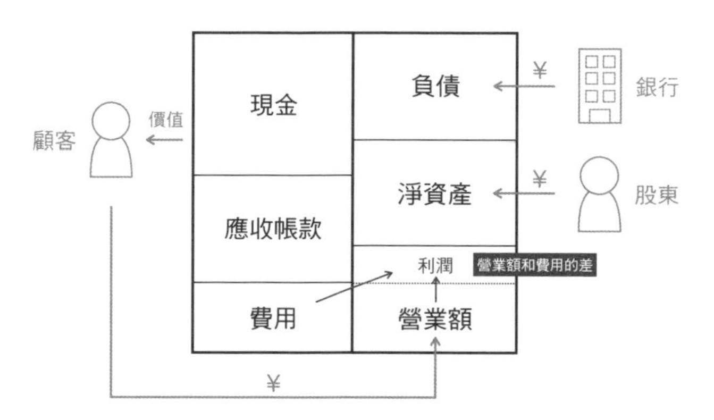

瞭解營業額和費用就能得出利潤
因為營業額減去費用就是利潤

利潤稱為「本期淨利」。除了生產商品所需的費用（稱為銷貨成本）之外，還有其他各種費用，但這裡將其省略。

⑧ 利潤計入淨資產

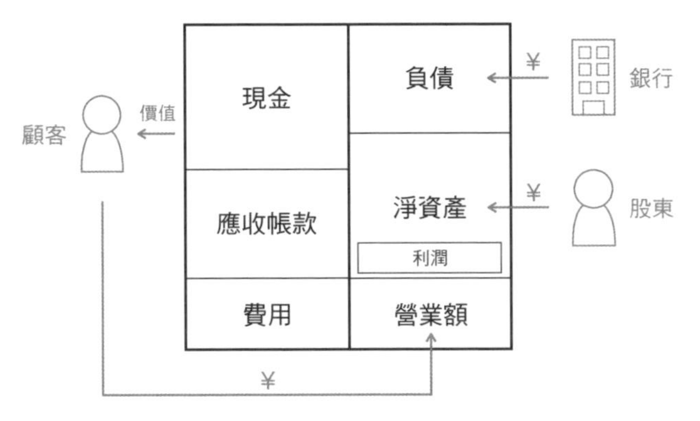

產生的利潤被列入淨資產
每年計算使得淨資產不斷增加

利潤作為「保留盈餘」列入淨資產。計算一年內的營業額、費用和利潤的文件，稱為損益表（簡稱PL）。

⑨ 營業額和費用每年計算一次

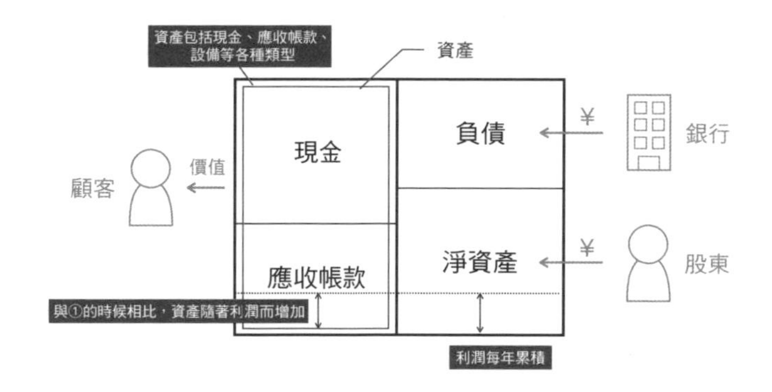

一年結束，到了下一年，
營業額和費用又從零開始計算

營業額、費用和利潤是以一年為單位進行劃分。
此外，如果隔天產生利潤，就會累積到淨資產當中，淨資產增加，
就可以進行下一次投資，使公司不斷向上成長。

以上就是公司資金的九個流程，不知道各位都記住了嗎？也許有人會因為突然冒出大量看不懂的用語而感到排斥，不過出現在這裡的所有單詞，都會在後面的內容詳細介紹，所以現在記不住也無所謂。

總之我要表達的是，**所有的商業活動都可以用資金的流向來說明**。

即使是看起來非常複雜的金錢流向，只要一一地仔細追蹤，也出乎意料地容易理解。

在Part 1中，將對流程內的下列用語逐一說明。

- **營業額→費用→利潤→PL（損益表）**
- **資產→負債→淨資產→BS（資產負債表）**
- **現金→CF（現金流量表）**

這些用語包含在衡量公司經營狀況的三種工具當中，這三種工具稱為「財務三表」，我也會針對「財務三表」本身進行說明。

我再重複一遍，沒有必要記住那些艱深的用語及其意義。

只要在腦海中聯想大方向的流程即可。

那麼接下來，讓我們開始針對用語一一詳細介紹。

＊本書中的「現金」項目基本上是指「現金及銀行存款」。

營業額

「幾個人支付了多少錢」的總和

什麼是營業額？

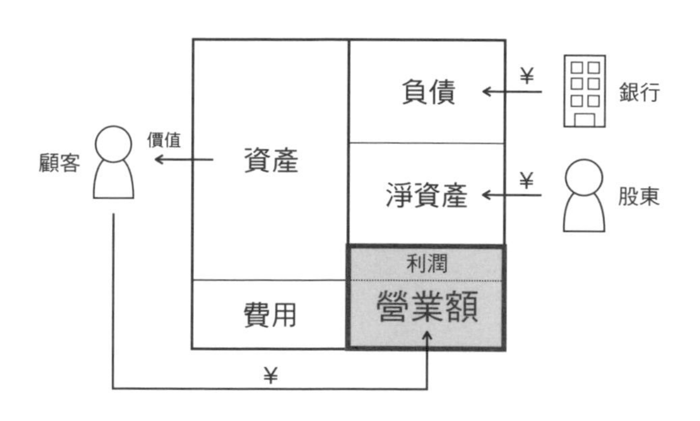

是指公司通過銷售商品或提供服務，
從顧客手上賺取的金錢

營業額要如何思考比較恰當？

分解式子來思考

營業額 ＝ 客單價 × 客數

客單價：一名顧客支付的金額

客數：顧客人數

例

1,000元的商品賣給100個人，營業額就是10萬元

※分解方式有很多種

為何要對營業額進行分解？

為何要對營業額進行分解？

因為可以區分原因

營業額 ＝ **客單價** × 客數

想要增加營業額，只能靠

1. 增加客單價　或

2. 增加客數　兩種方法

找出原因有什麼好處？

1 營業額

找出原因有什麼好處？

可以分別思考因應對策

客單價	客數
如何增加一名 顧客支付的金額？	如何增加 顧客人數？
提高商品的單價	使顧客更加瞭解商品
增加一次購買的數量	使顧客重複購買商品

換言之通過分解可以知道
具體上應該如何因應

營業額是顧客支付的總金額。

顧客購買公司提供的商品或服務，就會產生營業額。

●沒有營業額就沒有工作

對公司而言，營業額比什麼都要來得重要。如果沒有營業額，公司就無法生存下去。反過來說，不提供價值的公司是無法提高營業額的。換言之，營業額提高，也就證明了公司能夠提供價值。

公司沒有營業額就無法生存下去*。公司無法生存，工作就會消失。換言之，營業額與所有的人都息息相關。因此，每個人都必須認真地思考「怎樣才能提高營業額？」這件事。

●經過分解，可以發現具體的行動

重要的是，**營業額一定要用分解的方式來思考**。營業額可以分解為「客單價×客數」這個乘法公式。例如，假使有100名顧客購買1,000元的商品，當然營業額就是10萬元。

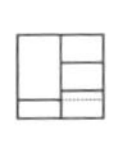

為什麼要將營業額分解成乘法公式呢？因為這樣可以區分原因。想要增加營業額，只能靠增加客單價或增加客數這兩種方法。找出原因，即可分別思考因應對策。

營業額

舉例來說，為了增加客單價，可以考慮增加顧客一次購買的數量，或者提高每件商品的單價。為了增加顧客數量，採取提高商品知名度或吸引顧客重複購買的策略，這樣或許有效果。「增加營業額」雖然是一個模棱兩可的目標，但為了增加營業額，首先要增加客單價，為此要增加一次購買的數量。像這樣進行分解，愈瞭解其中的原因，就愈能做出具體的行動。**即使是模糊的目標，也要透過分解原因，以落實到具體的行動當中。**

當不知道該怎麼辦時，不妨就把「先進行分解再來思考」當作一種口令。

＊嚴格來說，企業的存續不是由營業額，而是由現金流的有無（資金是否持續週轉）來決定，因此有些公司即使沒有營業額也能生存（藥物開發的新創公司在沒有營業額的階段，也能靠出資者的投資持續經營下去等情況）。

「營業額」的思考範例

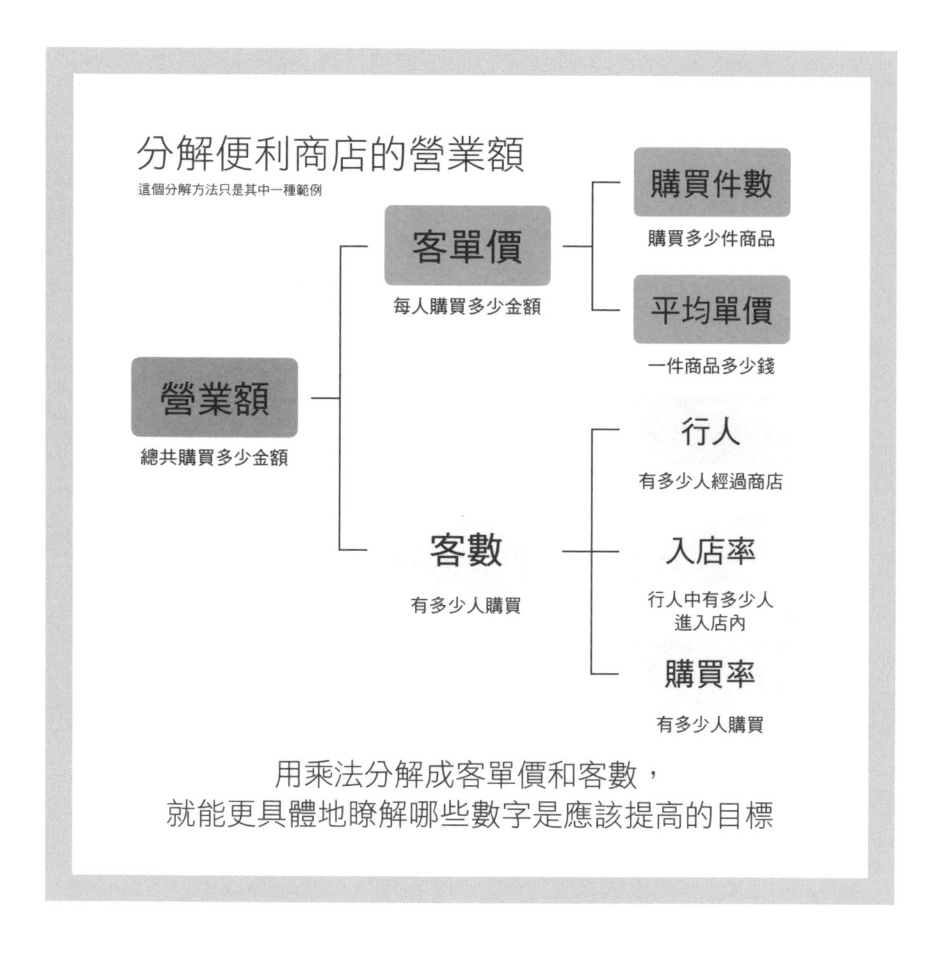

分解便利商店的營業額
這個分解方法只是其中一種範例
營業額
總共購買多少金額
客單價
每人購買多少金額
購買件數
購買多少件商品
平均單價
一件商品多少錢
客數
有多少人購買
行人
有多少人經過商店
入店率
行人中有多少人進入店內
購買率
有多少人購買
用乘法分解成客單價和客數，
就能更具體地瞭解哪些數字是應該提高的目標

在實際的商業活動中，不僅要思考「客單價 × 客數」，還要進一步對原因進行分解。假設以便利商店的營業額為例。

首先對客數進行分解。經過便利商店的行人較多的地方，顧客才有增加的空間。這是因為便利商店具有「順道逛逛」的特性，它很難成為「大老遠跑到〇〇鎮的超商」這種「特意前往的目的地」。換言之，有多少人經過的「行人人數」是一大要因。

另外，並非所有的行人都會進入便利商店，所以還要乘上有多少人進入店內的「入店率」。再者，並非所有進入店裡的人都會購買商品，所以還要乘上有多少人購買商品的「購買率」。

這樣一來，客數就變成了**「行人人數 × 入店率 × 購買率」**的乘法公式。想要增加顧客數量，這裡出現「增加行人人數」、「增加入店率」、「增加購買率」三種選項。

到目前為止還只是計算公式，重點從這裡開始。從商業的角度來看，行人人數就是指「商圈」，所以行人人數多的地段比什麼都要來得重要。在已經確定地段的情況下，想要增加行人人數是很困難的，但如果能夠透過導入宅配業務等方式，也可以實現「擴大商圈」的構想。

入店率取決於**「路過的人是否會進入店裡」**，所以在商店前面擺設招牌或是播放流行音樂，大肆宣傳季節商品以及特殊商品，這麼做或許能夠提高入店率。

購買率是指**「進入店裡的人是否會購買商品」**，有好的商品固然是最重要的因素，但「店內的動線是否恰當」、「打掃是否乾淨」等等，也可能成為影響購買率的因素。

像這樣將客數分解為三大要因，就能輕鬆地弄清楚每項因素具體上該怎麼實施。

目前為止都是針對「客數」的說明，而「客單價」的思考方式也是一樣。譬如，將客單價分為「平均單價」和「購買件數」。這樣一來，我們就會重新思考每件商品的金額，或者為了讓顧客購買更多的商品，而針對貨架上的商品陳列方式花點巧思，抑或考慮在收銀台旁邊擺放有魅力的商品等對策。

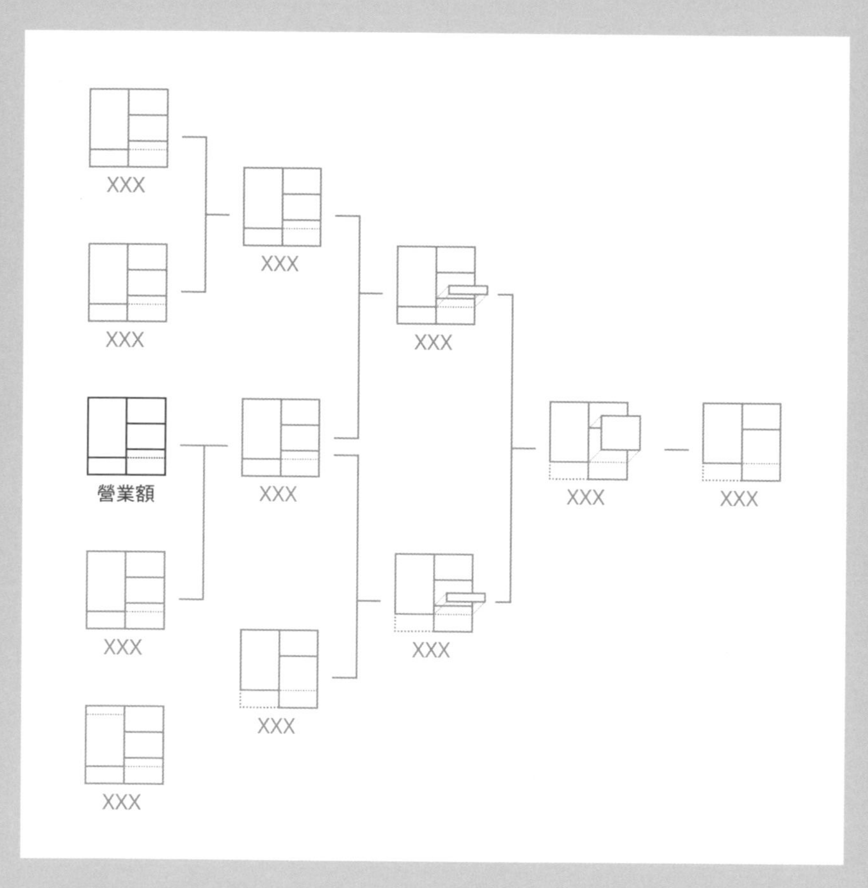

「營業額」的部分填上去了。像這樣每當說明完一個單詞的時候，就將其填入全體地圖當中。

關於「營業額」的話題還有什麼疑問嗎？有沒有人對於某些細節感到困惑？也許有人會說「這些內容我早就知道了」。

接下來的主題是「費用」。費用是與營業額密切相關的概念。

2

費用

「即使營業額為零也要花費的金額」

什麼是費用？

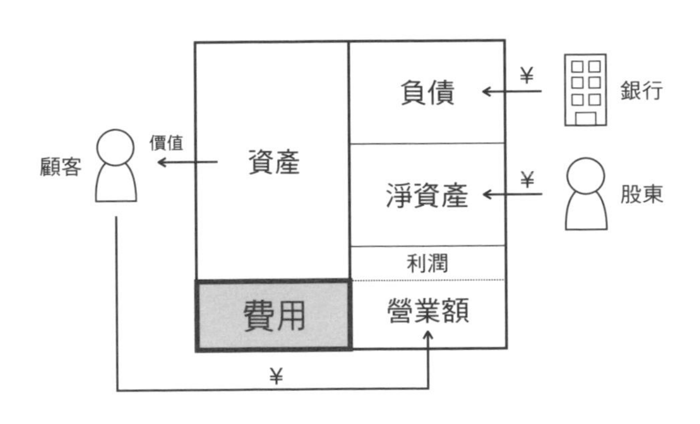

公司為了銷售商品或提供服務
而支付的金額

費用要如何思考比較恰當？

這也是

分解式子來思考

費用 ＝ 變動成本 ＋ 固定成本

隨營業額變化的費用

不隨營業額變化的費用

例 製作商品所需的原料費用

例 租金、薪資等固定支出的費用

為什麼要分成兩種費用來思考？

為什麼要分成兩種費用來思考？

這也是

因為可以區分原因

費用 ＝ 變動成本 ＋ 固定成本

想要降低費用，只能靠

1. 減少變動成本　或

2. 減少固定成本　兩種方法

通過找出原因……

費用

通過找出原因

可以分別思考因應對策

變動成本	固定成本
減少隨營業額 變化的費用	減少不隨營業額 變化的費用
減少原料費	減少人事費
減少外包費	減少廣告宣傳費

一味降低費用不是辦法，
也要考慮避免浪費

為了提高營業額，必須提供足以讓顧客願意從口袋中掏錢購買的價值。為了創造這個價值而必須花費的金額就是費用。通常費用是愈低愈好，因為這是公司支出的金錢。換句話說，**「最好的做法是提高營業額，降低費用」**，這是最基本的觀念。

然而，如果沒有把金錢花在刀口上的話，那就本末倒置了。因此，我們要以「降低能夠合理減少的費用」為方針來進行思考。

●降低費用的方法視業務性質而有所不同

與營業額一樣，「分解」可以有效地幫助我們瞭解「應該採取什麼行動才能降低費用」。

費用大致上可分為**變動成本和固定成本**兩種，看起來似乎很難理解吧？這類會計用語曾經讓我產生打退堂鼓的念頭，但其實一點也不難。變動成本是指製造商品所需的原料這類「隨營業額變動的費用」；固定成本是指房租、薪資這類「不隨營業額變動的費用」。換言之，想要降低費用，只能靠減少變動成本或減少固定成本這兩種方法。

為什麼要分成變動成本和固定成本呢？這是因為通過分類就能看出業務性質的緣故。

舉例來說，航空公司必須持有或租用飛機，汽車公司必須擁有更多的工廠和設備，為了維持這些設備，需要花費大量的固定成本。由此可見，**「愈需要大型設備的企業，固定成本愈大」**。另一方面，不需要大型設備的企業，往往固定成本較少，變動成本較多。

找出業務性質，就能根據其特徵來思考有效降低費用的方法。舉例來說，儘管「人事費」這項固定成本的花費較多，但假如工作有明顯的淡旺季之分時，與其僱用正式員工，不如改採業務委託的方式，將人事費轉換成變動成本，這樣的話或許就有可能使費用降低。

保留為固定成本的，必須是經過嚴格篩選足以成為該企業獨特性或優越性源泉的項目。例如，僱用正式員工，將人事費作為固定成本保留下來，這說明公司是將正式員工視為競爭力的源泉。

分為變動成本和固定成本，思考如何有效地降低費用，應該在哪些方面投入費用，這對於企業是很重要的一件事。

「費用」的思考範例

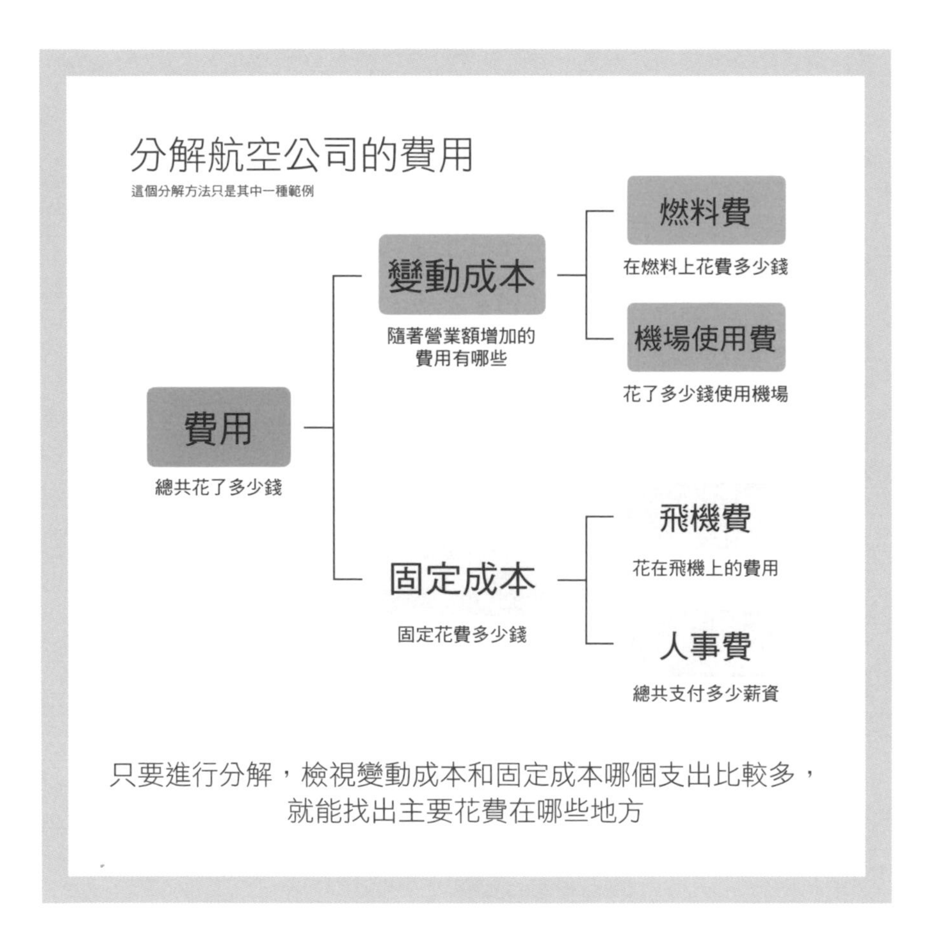

分解航空公司的費用
這個分解方法只是其中一種範例
費用
總共花了多少錢
變動成本
隨著營業額增加的費用有哪些
燃料費
在燃料上花費多少錢
機場使用費
花了多少錢使用機場
固定成本
固定花費多少錢
飛機費
花在飛機上的費用
人事費
總共支付多少薪資
只要進行分解，檢視變動成本和固定成本哪個支出比較多，
就能找出主要花費在哪些地方

讓我們再深入探討航空公司的例子。

航空公司的費用當中，固定成本占了很大的比例，據說它甚至占了所有費用的一半。換言之，這表示航空公司「在與營業額無關的地方花費了大量的費用」。

為什麼固定成本的比例會如此之大呢？因為在航空公司的業務中，不可或缺的「飛機費」和「人事費」占了很大的比例。

飛機的價格十分昂貴，無論是公司自己購買，還是向其他公司租用，都得支付大筆金額。另外，由於還需僱用機組人員、維修人員、地勤人員等大量員工，因此必須支付作為人事費的薪資。

另一方面，根據營業額產生的變動成本還包括哪些費用？航空公司的代表性變動成本包括「燃料費」和「機場使用費」。

飛機只要發動，就必須消耗燃料，所以燃料費在變動成本中所占的比例特別大。飛機每飛一趟（隨著營業額增加），燃料費就會增加。此外，作為燃料的原油價格會隨時變動，一旦油價上漲，燃料費也會跟著增加。

機場使用費是指，作為使用機場的代價，向機場管理部門（日本是航空局）支付的費用。仔細觀察機場使用費的內容，可以看到裡面包含飛機著陸要支付的「著陸費」、飛機停留一定時間要支付的「停留費」等費用。

綜上所述，費用根據公司和行業的不同，有著各種不同的類型。要把所有的內容都當成「用語」來記住，不但非常困難，也沒有這麼做的必要。

相反地，**我們只要觀察費用是「隨著營業額變化的變動成本」還是「不隨營業額變化的固定成本」即可。**這是與公司和行業無關的普遍費用檢視方式，所以應該有助於我們大致找出公司和行業的特徵。

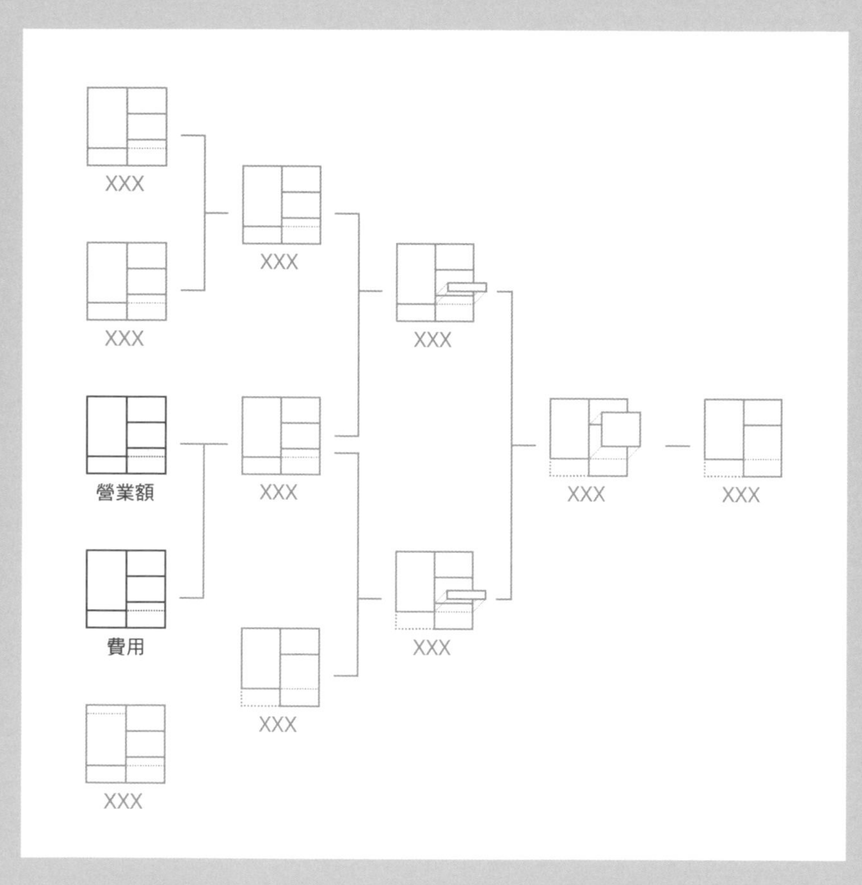

在營業額之後填上「費用」。費用的話題對於初次接觸會計的人來說，我想應該或多或少有點難度。如果覺得「有點困難」的話，先忽略它也無所謂。因為我們現在還沒有必要學到那麼深入。與其想要弄懂全部內容卻做不到，導致學習停滯不前，不如慢慢培養「這麼做也許能夠理解」的感覺，一步步地充實自己。下一節討論的是「利潤」。

3

利潤

用「營業額」減去「費用」而來

什麼是利潤？

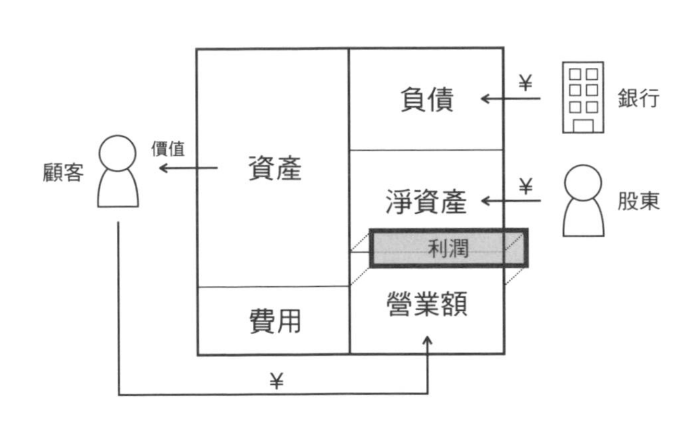

營業額減去費用後
剩餘的金額

利潤只不過是

簡單的減法

利潤 ＝ 營業額 － 費用

營業額：從顧客身上賺取的金額

費用：為了提高營業額所花費的金額

想要增加利潤，唯有增加營業額
或降低費用這兩種方法

更仔細地觀察利潤

營業額減去費用就是利潤，
利潤可細分為五種類型

利潤有五種類型

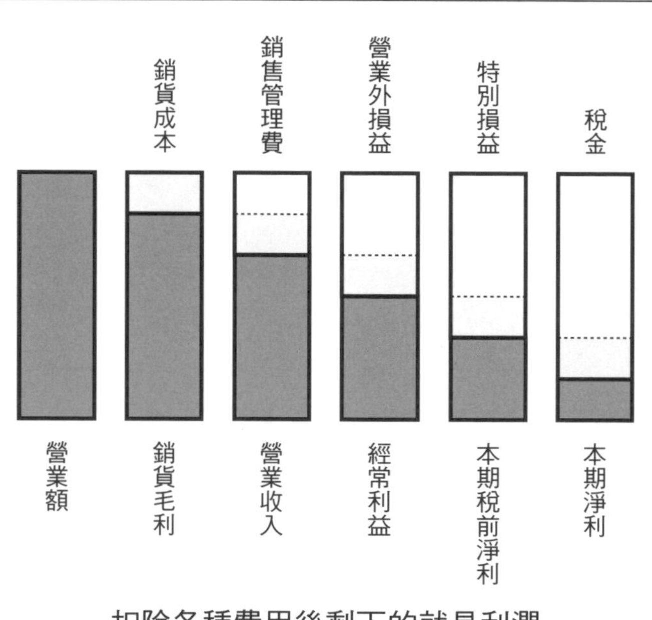

扣除各種費用後剩下的就是利潤

利潤是用營業額減去費用來計算。營業額是顧客支付給公司的金額，費用是公司向外部支付的金額。

觀察兩者之間的差額，就相當於觀察「能夠創造出多少利潤」。

●「利潤」遠比「營業額」還重要的理由

既然要經營公司，就必須創造利潤。為了創造利潤，公司必須不斷創造出新的價值。透過加上超過花費費用的附加價值，使顧客付出相應的報酬。也就是說，營業額必須大於費用才會創造利潤。而且，唯有創造利潤，才能用於創造下一個價值的費用。

在商業活動中，利潤遠比營業額要來得重要。因為，即便營業額高達100億元，但費用是120億元，那麼利潤也會變成負20億元的嚴重虧損。一旦費用大於營業額的狀態持續下去，資金總有一天就會耗盡，公司也將無法再生存下去。

換句話說，**公司想要獲利，就必須從「提高營業額的同時降低費用」這兩個角度出發**。利潤之所以比營業額更重要，是因為利潤包含「營業額」和「費用」兩種概念。

公司的一切活動最終不是「提高營業額」，就是「降低費用」，抑或從這兩方面同時下手。這所有的一切都是為了要賺取利潤。

●「營業額－費用」就是利潤

這裡再重複一遍，想要增加利潤，唯有「增加營業額」或「降低費用」兩種方法。雖然它「很常出現在考題上」，卻出乎意料地，大部分的人都沒能理解，甚至還有人會把營業額和利潤混為一談。

只要理解「利潤＝營業額－費用」這個公式，就不會將兩者混淆，如此就能向前邁進一步。

「利潤」的思考範例

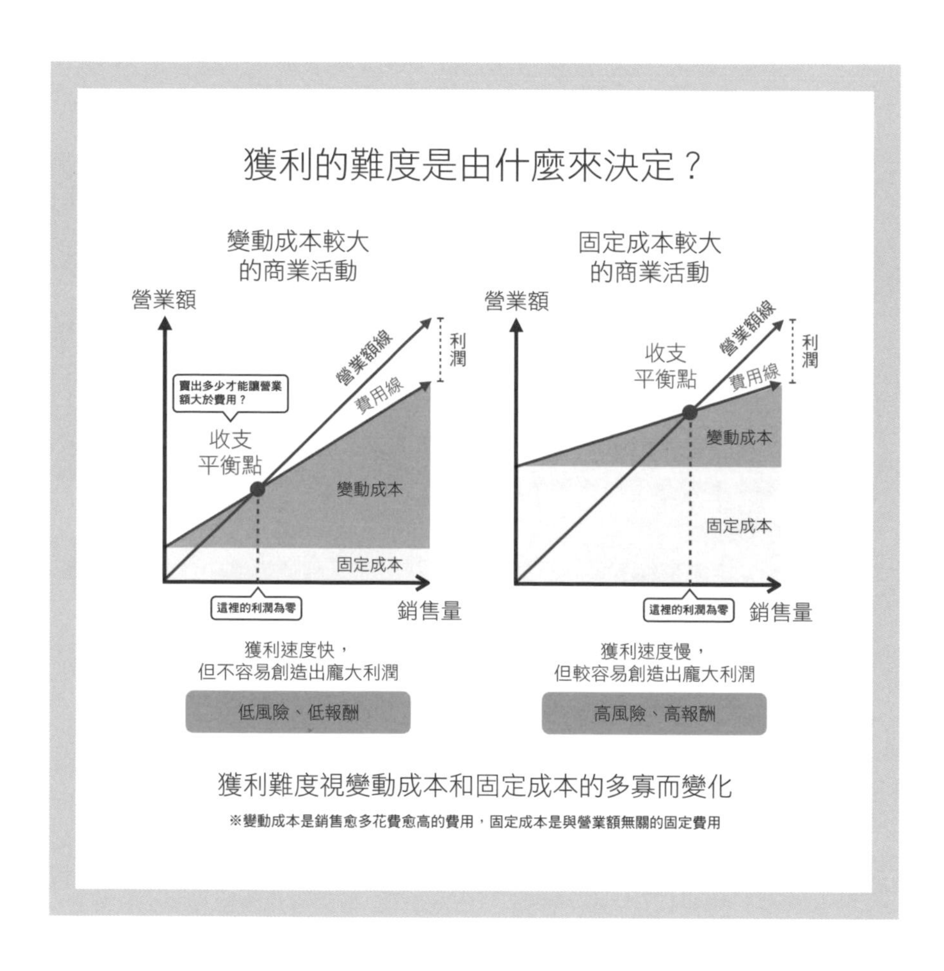

獲利的難度是由什麼來決定？
變動成本較大
的商業活動
營業額
營業額線
利潤
費用線
賣出多少才能讓營業額大於費用？
收支
平衡點
變動成本
固定成本
這裡的利潤為零
銷售量
獲利速度快，
但不容易創造出龐大利潤
低風險、低報酬
固定成本較大
的商業活動
營業額
收支
平衡點
營業額線
費用線
利潤
變動成本
固定成本
這裡的利潤為零
銷售量
獲利速度慢，
但較容易創造出龐大利潤
高風險、高報酬
獲利難度視變動成本和固定成本的多寡而變化
※變動成本是銷售愈多花費愈高的費用，固定成本是與營業額無關的固定費用

讀到這裡，想必大家都很清楚利潤的重要性。那麼，我們應該如何創造利潤呢？

在思考這個問題的時候，認識**收支平衡點**會比較方便我們理解。光看圖或許會讓人覺得似乎非常複雜，**根據費用種類的不同，獲利難度也會隨之變化，所以讓我們先從這一點來觀察**。

收支平衡點是指**「賣出多少就能使營業額大於費用（＝產生利潤）」**的指標。只要觀察收支平衡點，就能得知「該商業活動的獲利難度是高是低」。

觀察收支平衡點的關鍵，就在於費用項目中的「變動成本」和「固定成本」的多寡。變動成本較大的商業活動，能夠快速地獲利。然而，由於費用會隨著營業額而增加，每次銷售商品或提供服務所賺取的利潤並不高，因此必須通過薄利多銷的方式來增加利潤。換言之，**變動成本較大的商業活動，雖然容易獲利，但如果銷售量不足的話，利潤就相當微薄，可以說是一種低風險、低報酬的生意**。

另一方面，固定成本較大的商業活動，需要花上一段時間才能創造出超過固定成本的營業額，獲利速度也比較緩慢。不過，由於變動成本不高，因此每次銷售商品或提供服務時的獲利較高。只要超過收支平衡點，就能使利潤大幅增加。換言之，**固定成本較高的商業活動雖然不容易創造利潤，但如果能創造出超過固定成本的營業額，利潤就會相當可觀，可說是一種高風險、高報酬的商業活動**。

例如人才派遣公司就屬於變動成本型的商業活動。它不需要工廠這類昂貴的固定成本，因為是確保派遣人才，通過派遣人才提高營業額的一門生意，所以很容易成為費用和營業額連動的變動成本型商業活動。另一方面，曾在費用一節介紹的航空公司，就屬於固定成本型的商業活動。

正如費用一節中所述，如果觀察公司的固定成本和變動成本，從而掌握其商業活動的特徵，再進一步思考「該商業活動的獲利難度是高是低」，就會加深我們的理解，並變得有趣起來。

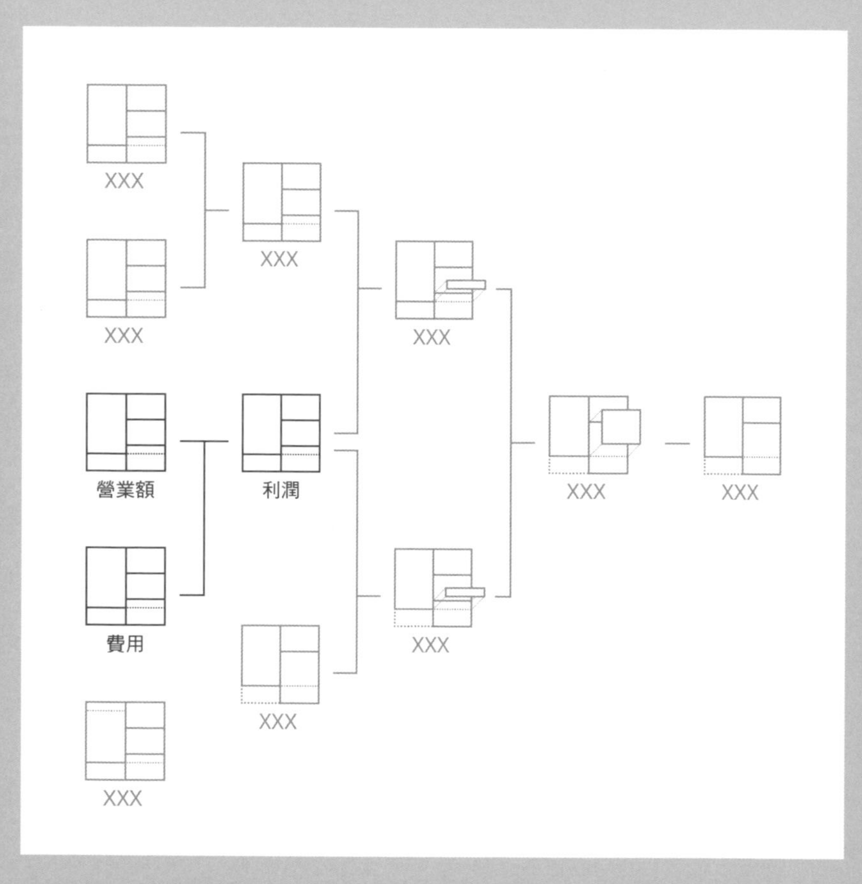

「利潤」的部分填上去了。利潤是由營業額和費用所組成，因此這裡用線將利潤連結至營業額和費用兩邊。這就是這張地圖的規則。互有關聯的部分會用線連結在一起。

接下來，讓我們綜合前面介紹過的「營業額」、「費用」、「利潤」，來說明「PL」的內容。

4

PL（損益表）

能夠看出「分配給誰，利潤還剩下多少」的文件

什麼是PL（損益表）？

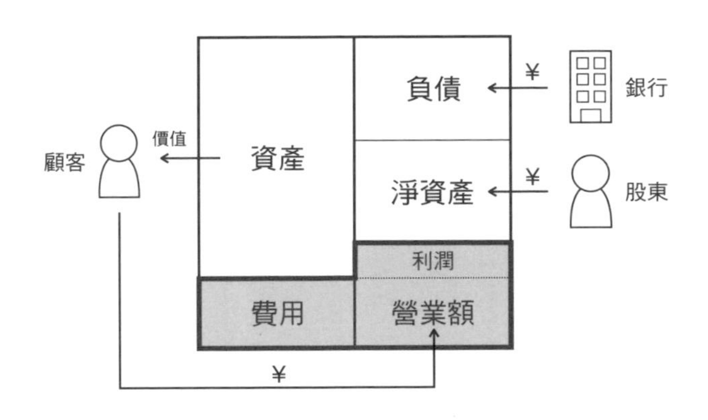

營業額減去費用產生利潤
以一年為單位進行計算的文件

※PL是Profit and Loss的縮寫

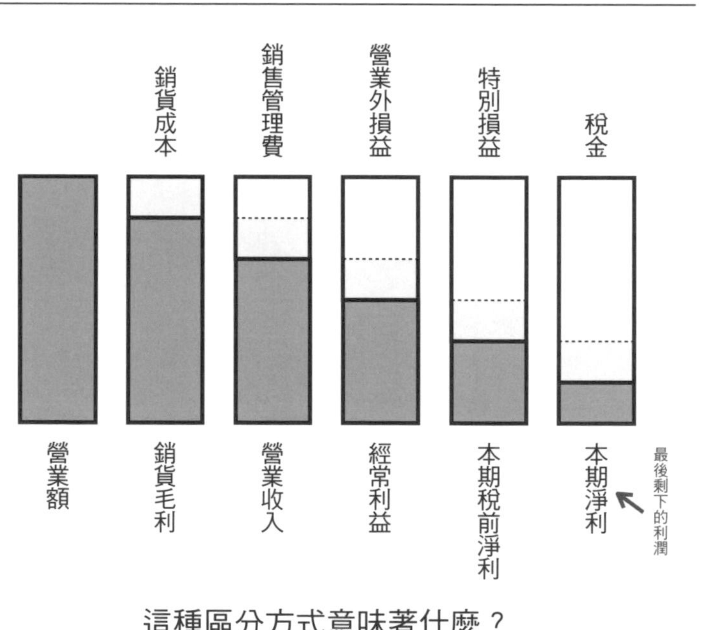
PL能計算最後剩下的利潤
銷貨成本
銷售管理費
營業外損益
特別損益
稅金
營業額
銷貨毛利
營業收入
經常利益
本期稅前淨利
本期淨利
最後剩下的利潤
這種區分方式意味著什麼？

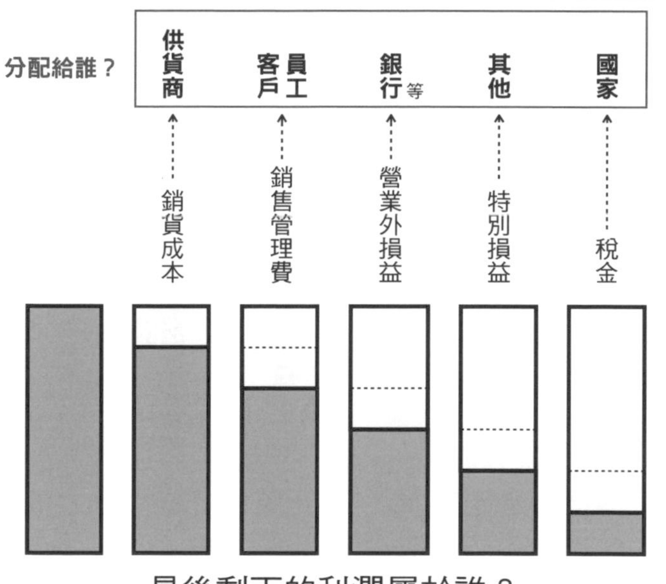
知道給誰分配了多少利潤
分配給誰？
供貨商
客戶
員工
銀行等
其他
國家
銷貨成本
銷售管理費
營業外損益
特別損益
稅金
最後剩下的利潤屬於誰？
※這裡為了方便起見，只列出常見的相關人員，但如果仔細觀察，其實還有各式各樣的相關人員

本期淨利屬於股東所有

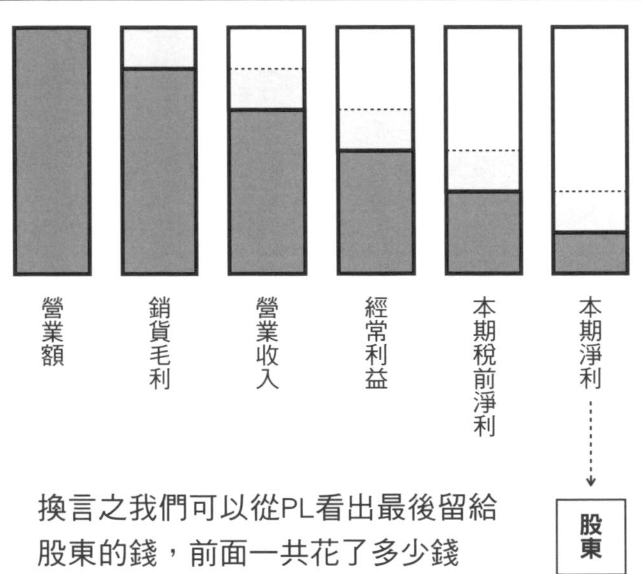

※股東是在扣除之前的所有相關人員的費用之後才進行分配，
在利潤分配的優先順序中是排在最後面，因此在所有人當中承擔的風險最大

PL是可以縱觀目前為止所介紹的營業額、費用、利潤這三個項目的文件。這個**利用營業額減去費用來計算利潤的文件**，稱為「損益表」。在計算利潤的過程中，仔細觀察「在哪些方面花費多少費用」，是非常重要的事。

它的英語為「Profit and Loss」，所以簡稱PL。PL是用來確立企業在一定期間內的財務狀態等而製作的文件之一，是一種**「財務報表」**。財務報表（Financial Statements）又簡稱財報。常用的財務報表除了PL之外還有其他兩種。這些會留待後面再行介紹，現在只要瞭解PL即可。

●明確解說「在哪些方面花費多少費用」的文件

任何公司基本上都是以一年為單位來運作。必須把自家公司的營業額、費用和利潤計算出來，每年以財務報表的形式，向利害關係人進行報告，這也是為了方便納稅。

就像學習英語或中文一樣，商務人士理解財務報表的意義和結構，就等同於理解世界上所有公司都會使用的共通語言。

PL是以營業額減去費用來計算利潤，其中費用又分為好幾個項目。包括銷貨成本、銷售管理及總務費用（銷售管理費）、營業外損益、非常損益、稅金（所得稅）這五項。這五個項目沒有必要死記硬背，只要將重點放在「為什麼要將費用分開計算」。其原因在於，**「可以個別觀察在哪些方面花了多少費用」**。

PL中最重要的是，在扣除各種費用之後，最後剩下的利潤就是**「本期淨利」**。本期淨利屬於股東所有。這裡所說的股東，是指「向公司出資並持有股份的人」。擁有股份就意味著能夠根據持股比例掌握該公司的經營權。

舉例來說，假設是自己一人出資而成立的公司，因為自己的持股比例為100%，所以可以全憑一己判斷來經營公司。可是，如果想擴大公司規模而讓更多的人購買股票的話，就等於和這些股東一起擁有公司，這樣一來在經營公司時就必須詢問股東的意見。

股東是公司的所有者，公司進行商業活動所賺取的利潤就歸股東所有。PL這個文件是以營業額減去各種費用，計算出最終留給股東的本期淨利。

在計算各種費用的過程中，我們可以從中看出「分配了多少錢給什麼人？」的答案。

●只是一直使用減法計算

若非經營者、管理階層或自行創業，我想應該大部分的人都不會直接接觸到PL吧。然而，「在哪些方面花了多少錢」也是對公司實際情況的瞭解。只要意識到「自己在PL上的哪個數字做出貢獻」，就能發現自己工作的意義。

下面讓我們逐一觀察P／L中包括哪些項目，這裡會說明得稍微詳細一些，如果有感到排斥的部分，也可以將這個部分忘得一乾二淨。因為當感到厭煩的時候，就意味著現在的自己還用不到它。重要的是找出自己有點在意、或者感興趣的部分。比起記住詳細的過程，我更希望大家能試著意識掌握整體的概要。

首先從**「成本」**開始。成本是製造商品所需的費用，大多是支付給供貨商。另外，**「銷售管理費用（銷售、管理及總務費用）」**是指為了銷售商品而進行的活動和企業整體管理活動所花費的費用，其中包括薪資、研發費、廣告宣傳費等各種費用。營業額減去成本的費用是**「銷貨毛利」**，銷貨毛利減去銷售管理費的費用是**「營業收入」**。

接下來要介紹的「營業外損益」有點不容易理解。如果遇到難以理解的時候，就進行分解。試著將其拆分成「營業外」和「損益」。所謂營業外，是指正常營業的範圍之外。也可以說成「非本業」。損益可分為「損」和「益」。損是負數，益是正數。

營業外損益的具體例子有**「利息支出」**。例如，從向銀行貸款開始進行商業活動時，每年都會產生持續性的利息支出。這種「並非本業卻產生支付的費用」，就視為營業外損益，與本業分開計算。營業收入減去營業外損益，就是**「經常利益」**。

下面還有**「特別損益」**和**「稅金」**。特別損益是指例如因災害而造成的損失所花費的費用，也就是當時特別花費的金錢（並非每年都要花費，從這層意義上，以「特別」來表示）。稅金主要是指「所得稅」。

經常利益減去特別損益，就是**「本期稅前淨利」**。本期稅前淨利扣除掉稅金後，就是最終的**「本期淨利」**。

回到一開始的說明，我們只要理解**「原來PL是用來計算營業額減去各種費用後剩下的利潤」**這個意思之後，就能繼續向前邁進。

「PL」的思考範例

為什麼營業收入為負，
經常利益卻為正？

任天堂2012年3月期決算（PL）

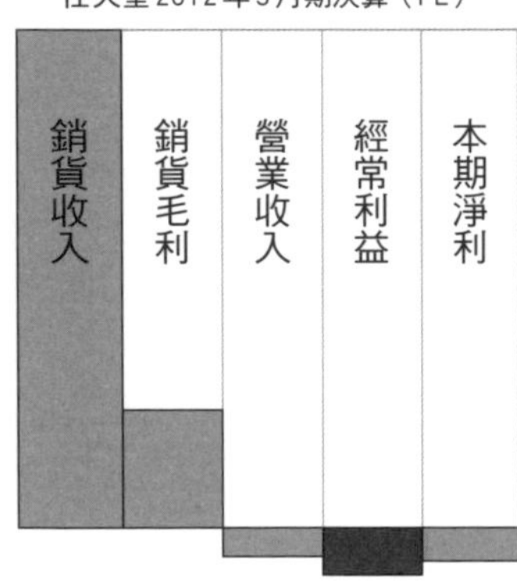

任天堂2013年3月期決算（PL）

與2012年的決算相比，任天堂在2013年的經常利益變成正數，其原因並非靠本業獲利，而是因為日圓貶值，「兌換盈益」增加了395億日圓的緣故

這種事也有可能發生

這裡的兌換盈益是指交換貨幣時的比率（匯率）變動所產生的利益。

※這張圖將本期稅前淨利省略

這裡介紹2013年任天堂的決算，來看看PL有何有趣之處。該年的任天堂發生了一件有點不可思議的事情。

首先，觀察前一年2012年的「營業收入」，可以看到是負的373億日圓。2013年的數字也相去不遠，為負的364億日圓。

反觀2012年的「經常利益」為負的608億日圓，到了2013年卻轉為正的104億日圓，沒想到短短的一年內竟發生如此大的翻轉。究竟這一年發生了什麼事？

經常利益原本是根據營業收入減去「營業外損益」計算出來的，而關鍵就在於這個營業外損益。所謂營業外損益，是指在本業以外的活動中產生的損益；既然是損益，就有損（負的費用）有益（正的費用）。2013年，任天堂因為某個因素而獲得近400億日圓的收益。

這個因素就是「匯兑」。匯兑是**「不直接使用現金進行支付」**的意思。其起源來自於票據交換。國內的交易稱為「國內匯兑」，與國外的交易稱為「外匯」。當時就是「外匯」替任天堂創造出正的經常利益。

與國外進行交易時，由於國家之間使用的貨幣不同，因此必須決定使用兩個國家中的哪一種貨幣來進行交易。舉例來説，當日本和美國進行交易時，如果是「用美元進行交易」，日本就必須用日圓購買美元。

同時，當用日圓購買美元時，也有規定像「1美元＝100日圓」這種互相交換貨幣的基準。這個基準就稱為**「匯率」**，匯率會經常浮動。

當時的任天堂因為匯率的浮動，產生約400億日圓左右的利益。這個利益超過營業收入的負數，結果使得經常利益由負轉正。

綜上所述，營業收入的負數在經常利益的階段大幅翻轉的情況雖然不是經常發生，但這裡還是作為「原來也會發生這種事」的例子來向大家介紹。

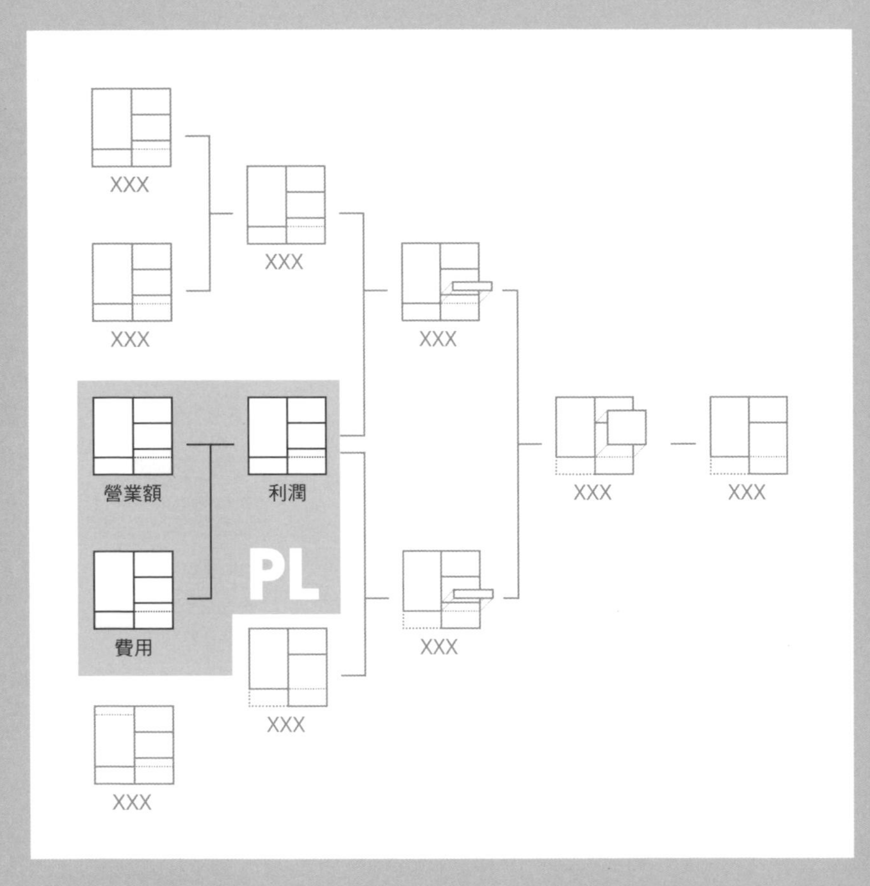

整個PL都填滿了。PL是將營業額、費用和利潤三者合併在一起，所以這裡就以三個項目包圍起來的形式來呈現。前面的內容都是用來計算「以一年為單位共創造出多少利潤」。這些是每年都在不斷變化的「流量」資訊。接下來讓我們討論「這些利潤會存在哪裡？」「公司擁有哪些資產？」這類有關「存量」的話題。

5

資產

「使用什麼來創造價值？」的答案

什麼是資產？

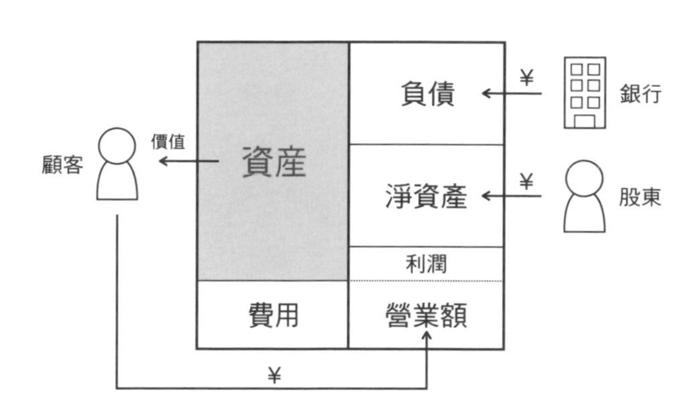

如何使用公司籌措而來的資金
用來表示資金用途的項目

列舉資產項目的內容

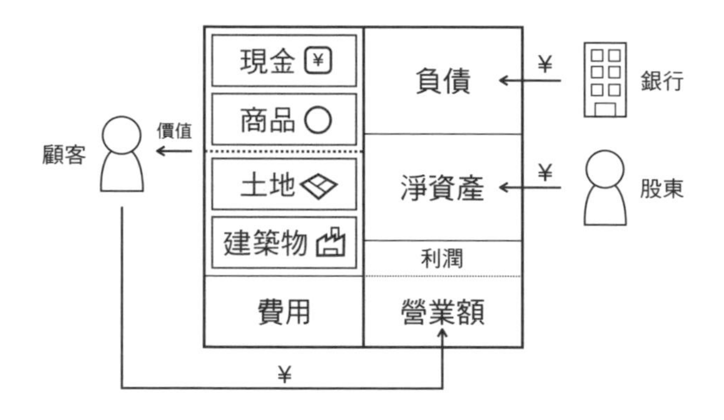

資產內包括現金、商品、土地、
建築物等各種項目

分為流動和固定

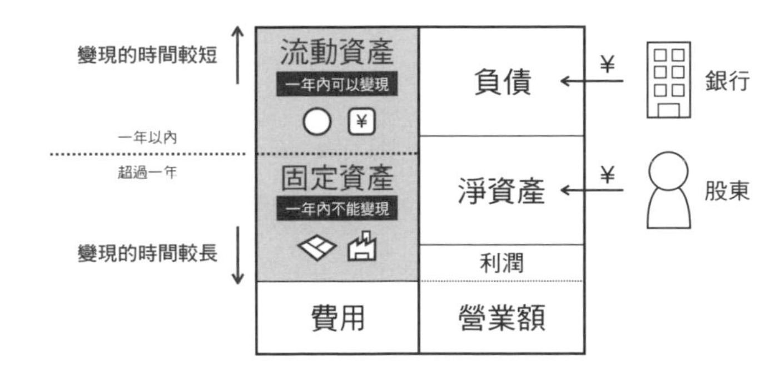

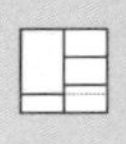

5

資產

變現所花費的時間非常重要
以一年為基準，分為流動和固定

這些東西也被視為資產

以動物園為例

以航空公司為例

動物是動物園的資產，
飛機是航空公司的資產；
對於該商業活動而言，
有望創造經濟價值的東西就是資產

資產可以用「公司籌措而來的資金要如何運用？」這樣一句話來解釋，換言之，就是**資金的用途**，也可以說是「公司擁有的財產」。公司利用資金生產商品、開設店鋪、建立工廠，這些統統都可以稱為資產。

●資產的範圍竟如此廣泛

公司生產具有某些價值的商品，將其提供給顧客，以獲得金錢作為報酬，利用這樣的方式進行活動。從使用現金建立某些資產開始，公司的活動就此展開。

例如購買材料，利用這些材料製作商品。這些材料就是資產，而商品也是資產。為了大量生產商品，需要機器等生產設備，於是又購買設備，這些設備也是資產。為了銷售商品，必須開設用來銷售商品的店鋪。如果不是以租借的方式，而是自己擁有店鋪的話，那麼店鋪也是資產。

綜上所述，**「向顧客提供價值，獲得營業額作為報酬」相關活動所需的各種東西都是資產**。

●「有多少現金容易變現？」分為兩種

在這裡，公司會產生一個困擾。那就是「手上若無持有某種程度的現金，就無法因應緊急或意想不到的情況」，以及「緊抱著現金不放無法創造任何價值，為了提高營業額，必須將現金變成其他資產，藉此產生附加價值」這兩種矛盾的心情。

因此，我們針對資產，從「該資產變現的難度？」這個觀點出發，將其分為兩種類型，分別是「流動資產」和「固定資產」。

流動資產是指「一年內可以變現的資產」，包括材料、商品和應收帳款等。**固定資產是指「需要一年以上才能變現的資產」**，包括店鋪、工廠等。

將資產分為這兩種類型，一旦公司面臨危機的時候，就能算出自己手上「擁有多少現金和可以立即變現的物品」。掌握這兩種資產類型的比重有多少，對於避免公司破產這件事情上非常重要。

由此可見，資產與「時間」息息相關。

●理解資產時必須具備「時間差」的概念

除此之外還有「應收帳款」。應收帳款屬於一種流動資產，是指在賒銷商品之後，未來收取金錢的權利。「賒」又稱為「信用交易」或「賒帳」。

應收帳款屬於流動資產，若沒有考慮「時間差」，就不容易理解它的意思。

舉例來說，把商品賣給客戶，為了獲得營業額，因此向對方提出帳單。送出帳單後，通常是一個月或三個月後，款項會比設定的日期之前提早入帳。除非是直接支付現金的交易，否則從交付商品到收取帳款這段期間內會出現時間差。換言之，應收帳款只是因為時間差的關係而產生的暫時性資產。

●企鵝也是固定資產

在不至於讓公司破產的程度上使用現金，取得適當的資產，提供顧客價值，使其化為營業額，這就是公司營運的大致流程。能否在工作中想像這一系列的流程是很重要的一件事。

思考資產時可以發現一個有趣的現象，那就是「不同的商業活動，作為資產的東西也有所不同」。對於動物園來說，獅子就是固定資產；對於水族館來說，企鵝就是固定資產；對於航空公司來說，飛機就是固定資產。因為「如果沒有這些東西，就無法開展商業活動，更別提向顧客提供價值了」。

此外，同樣以動物園或水族館為例，「設施」本身是固定資產，而出口附近的「名產店商品」則是流動資產。

●比起「數量」，「平衡」更重要

人們往往會認為資產多多益善，但資產未必是增加得愈多愈好。

舉例來說，商品生產過剩，導致存貨堆積如山，有時甚至再也賣不出去。與其如此，製造並銷售適當數量的商品，調整庫存以避免存貨過多，這對於商業活動非常重要。

自家公司的資產現在共有多少，比重偏向哪個部分。意識到這方面的平衡，是俯瞰自家公司商業活動的第一步。

「資產」的思考範例

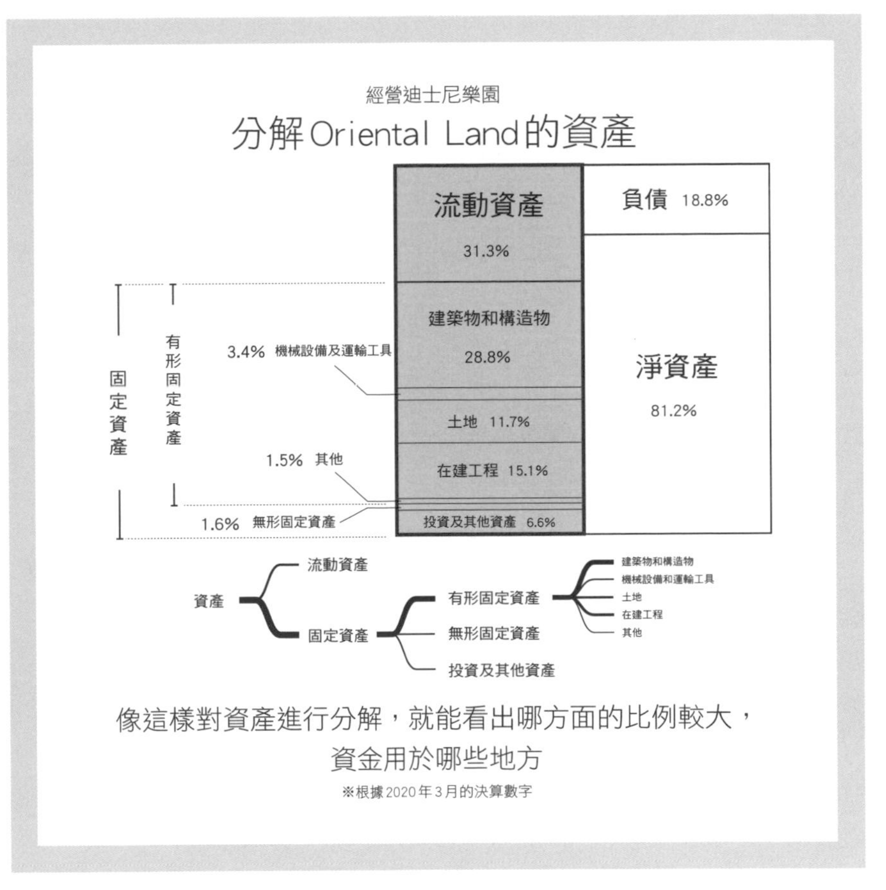

經營迪士尼樂園
分解Oriental Land的資產
流動資產
31.3%
負債 18.8%
淨資產
81.2%
建築物和構造物
28.8%
3.4% 機械設備及運輸工具
土地 11.7%
在建工程 15.1%
1.5% 其他
1.6% 無形固定資產
投資及其他資產 6.6%
固定資產
有形固定資產
資產
流動資產
固定資產
有形固定資產
無形固定資產
投資及其他資產
建築物和構造物
機械設備和運輸工具
土地
在建工程
其他
像這樣對資產進行分解，就能看出哪方面的比例較大，
資金用於哪些地方
※根據2020年3月的決算數字

5 資產

Oriental Land是一間經營迪士尼樂園和迪士尼海洋的公司。雖然迪士尼樂園深受大多數人的歡迎，但會仔細檢視Oriental Land資產的人我猜應該不多吧。通過對資產進行分解，我們可以大致掌握「Oriental Land在哪些方面投入了多少資金」。

首先，按照先前的說明，資產可以分解為「流動資產」和「固定資產」兩種類型。從流動資產與固定資產的比例來看，可以看出Oriental Land的固定資產所占比例較大。

我們再將固定資產進行分解，可以將其分為「有形固定資產」、「無形固定資產」、「投資及其他資產」三種類型。由此可以看出，有形固定資產占了很大的比例。

進一步分解有形固定資產的內容，可以得到五個項目。分別是「建築物和構造物」、「機械設備和運輸工具」、「土地」、「在建工程」、「其他」這五項。分解到這裡，我們就能看出資金實際是投入到哪些方面。

舉例來說，「建築物和構造物」項目中，包括建立在迪士尼樂園酒店或主題樂園內的不動產。「機械設備和運輸工具」項目中包括雲霄飛車等遊樂設施和巴士。「在建工程」項目包括仍在建設中的遊樂設施等，待設施建設完畢後，才會分配到其他項目去。

具體分解到這裡，我們可以看出消費者所接觸到的商業活動內容，和會計上的數字之間的聯繫。大家不妨試著將其他企業感興趣的業務具體內容與資產項目聯繫起來，說不定也會發現很有趣的地方。

補充 折舊

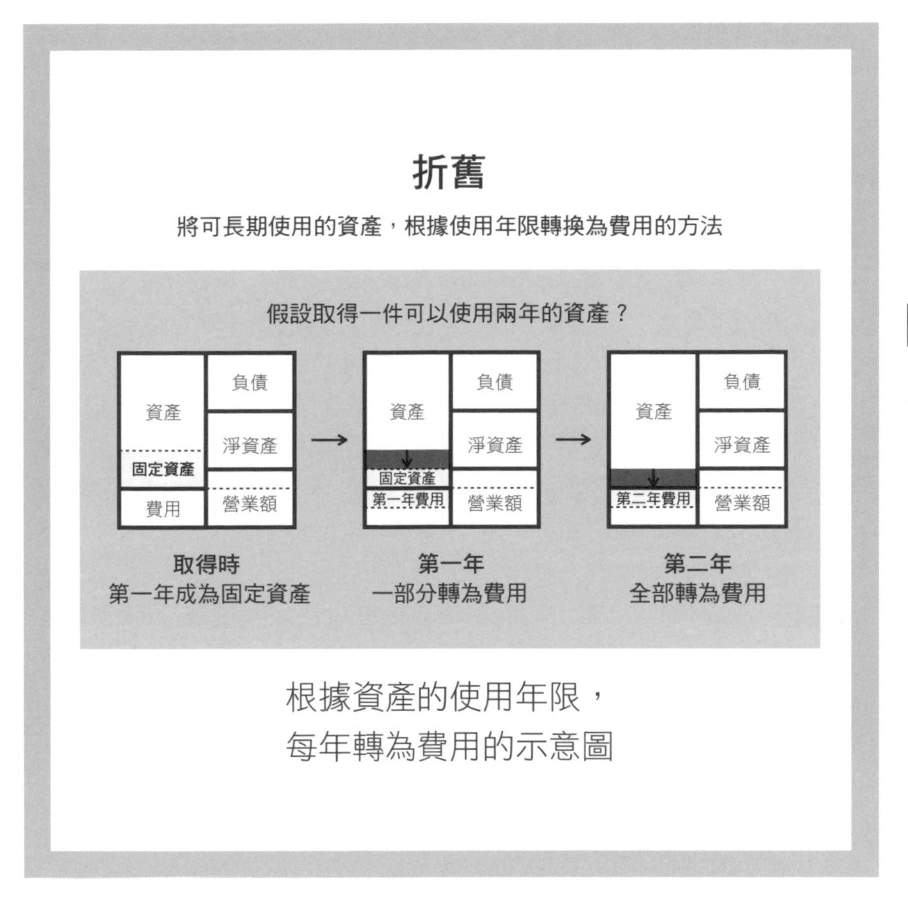

折舊
將可長期使用的資產，根據使用年限轉換為費用的方法
假設取得一件可以使用兩年的資產？
資產
固定資產
費用
負債
淨資產
營業額
資產
固定資產
第一年費用
負債
淨資產
營業額
資產
第二年費用
負債
淨資產
營業額
取得時
第一年成為固定資產
第一年
一部分轉為費用
第二年
全部轉為費用
根據資產的使用年限，
每年轉為費用的示意圖

折舊或許對於會計初學者來說是一道難以跨越的難關。因為用語和概念本身十分艱澀難懂，導致很多人對它感到卻步。儘管如此，折舊的概念在會計中仍十分重要，因此必須得在此略作補充說明。不過還請大家放心，對於能夠閱讀到這裡的人來說，折舊的內容其實一點也不難。

折舊是「資產」和「費用」的組合。它是將**可長期使用的資產，根據使用年限轉換為費用的一種方法**。……這麼說或許讓人丈二金剛摸不著頭腦，但只要繪製成圖，就能慢慢地看懂其內容。

舉例來說，假設公司取得一件可以使用兩年的資產，一開始將其視為固定資產。第一年會有一部分轉為費用，並減少這部分的資產。到了第二年，資產就會消失，同時還會追加與第一年相同的費用。也就是說，**折舊只不過是每年會從資產慢慢地轉為費用罷了**。

另外，表示「該資產還可以使用多少年」的項目還有「耐用年數」一項。例如，稅法上規定，電腦為4年或5年，金屬製的桌子為15年，木製或其他材料製作的桌子為8年，根據使用年限，每年將資產轉為費用。

為什麼需要用如此複雜的方式來計算呢？購買可以長期使用的資產時，若將其全部轉為當年的費用，那麼就有可能發生那一年的利潤一口氣減為負數，第二年以後又恢復正數的情況。這樣一來，我們就**無從得知「在營業額上到底花了多少費用」**。這就是為什麼需要利用折舊將使用的部分每年轉為費用的原因。

這個用語就像拳法或某種招式名稱一樣莫名其妙，很容易讓人覺得難以理解，但實際上它只是將資產慢慢地轉為費用而已。希望大家至少能對這個名詞更熟悉一些。

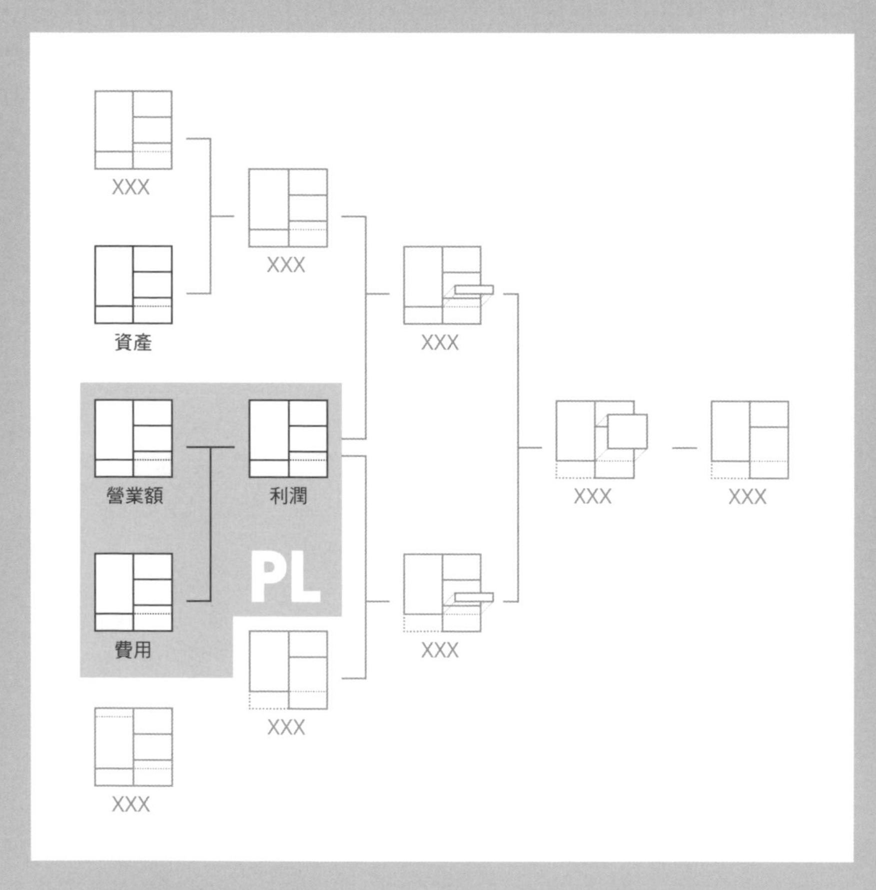

「資產」的部分填上去了。只要檢視資產，就能得知「公司把錢花到哪些地方去」。到目前為止，我們討論的都是「花錢的話題」。這讓人不由得在意起「公司的資金到底從何而來」。下面我們就要討論這些資金的來源之一，也就是「負債」。

負債

靈活運用使公司成長的資金

什麼是負債？

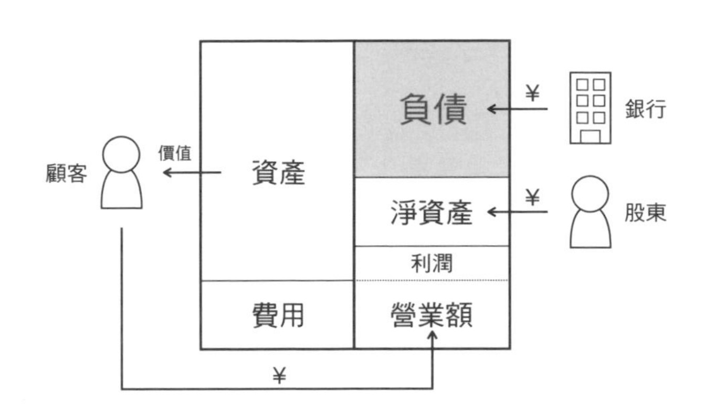

公司肩負著償還銀行貸款
和未支付款項的義務

負債是不好的事？

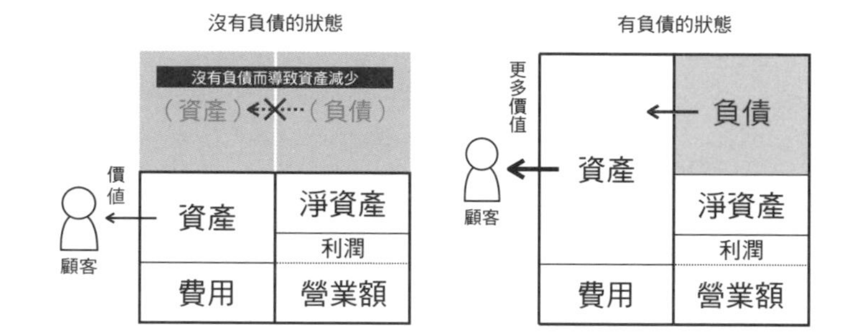

只要合理利用負債就能提高經營效率

有負債就能創造更多的資產（商品等）

↓

為顧客提供更多價值，提高營業額和利潤

↓

提高利潤使得淨資產增加，選擇償還或創造資產（投資）

可是若無法償還時該怎麼辦？

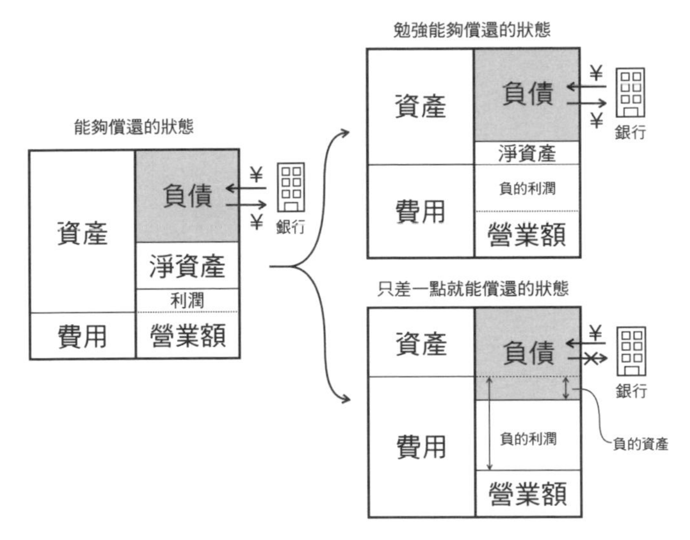

一旦負債超過資產，即使把資產全部賣掉
也無法償還，公司很快就無法繼續經營下去

檢視負債的內容……

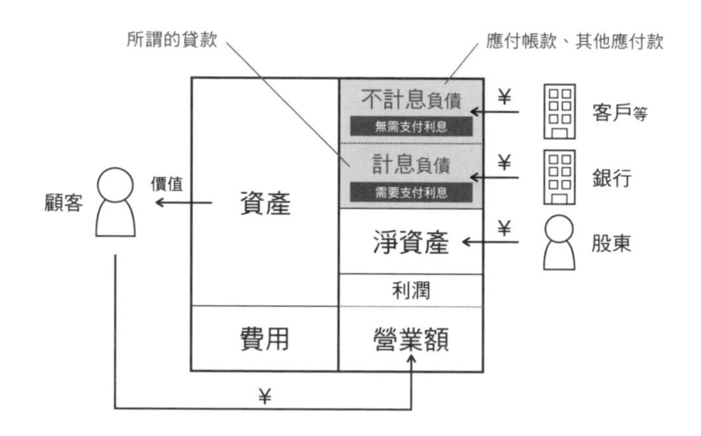

銀行貸款所產生的計息負債，
與事業所產生的無計息負債，
兩者的意義完全不同

※負債和資產一樣是以一年為基準，分為流動和固定兩種類型來表示

負債與資產相反，它是負的財產，也就是**「有義務償還的東西」**。負債大致可分為兩種類型，分別是「計息負債」和「不計息負債」。計息負債是指公司必須連本帶利償還的負債，也就是所謂的貸款。

說到「貸款」，也許有些人對它沒有什麼太好的印象。然而，如果公司能夠適當地借貸資金，按時償還的話，那麼負債絕對不是一件壞事。

此外，不計息負債是指不需支付利息的負債。例如，為了生產某個商品而事後支付款項的「應付帳款」等。

●負債包含「風險」和「報酬」

說起來，公司為何需要負債？又為何要向銀行貸款？那是因為要**利用籌措而來的資金，以進一步發展事業為目的進行投資**的緣故。

以製造業為例，可以透過建立工廠或導入新設備，來進一步提高營業額。當需要進行大型投資的時候，通常公司手頭上的資金並不充裕。為了彌補資金的缺口，公司會透過向銀行貸款來發展事業。這使得事業得以用僅靠自己的資金實力無法實現的速度快速發展。

向銀行貸款雖然有支付利息、需承擔償還義務等一定的風險，但有時公司必須冒著這些風險來加快事業發展的腳步，從而賺取更多獲利。正因如此，所以我們**不能斷定「貸款是負面的」，重要的是從風險和報酬兩方面來斟酌是否需要負債**。

計息負債一旦增加，加上利息，償還的負擔會變得更大。若一間公司的計息負債過多，事業就很難維繫下去，公司的生存就有可能陷入危機。但從另一方面來看，負債也是維持事業健全運作所需的資金。

想當然，有些經營者會通過有效利用負債來實現事業的成長，也有些經營者不會這麼做。各位不妨確認自己上班的公司有多少負債，以及這些負債的詳細內容，說不定可以從中一窺管理階層的經營態度。

「負債」的思考範例

利用2020年3月的決算

比較日本三大電信公司

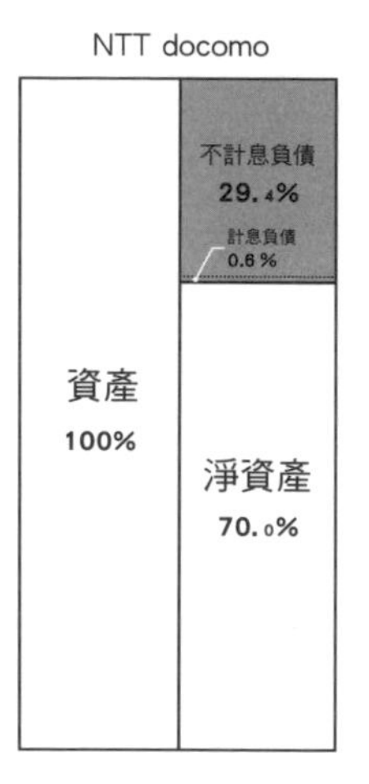

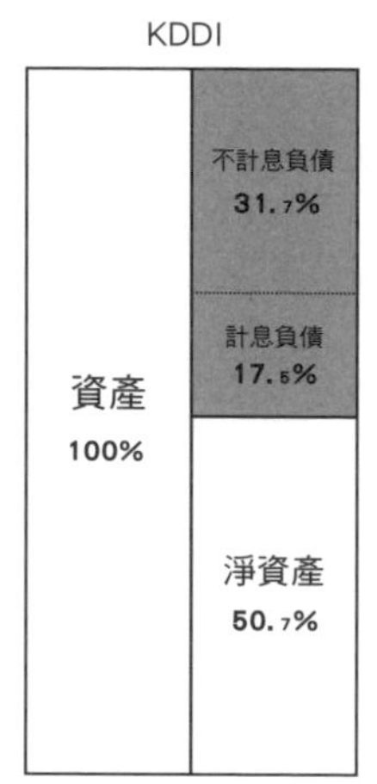

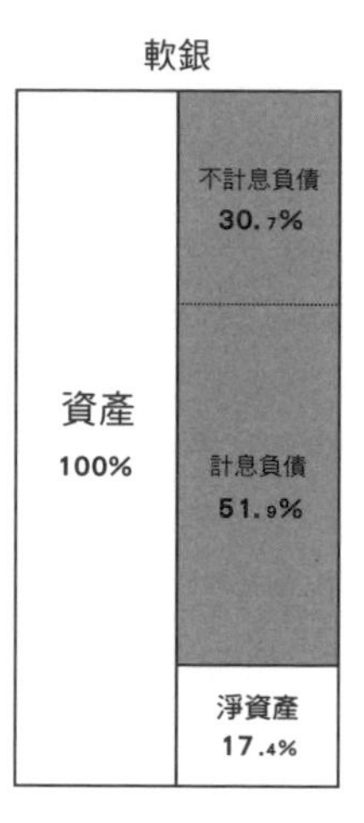

相同行業的三家公司的負債比率
竟相差如此之大

※由於討論的是電信公司，因此不以整個軟銀集團為對象，這裡只針對軟銀來探討

即使是相同行業，不同的企業對於如何有效利用負債的立場也大不相同。這裡以日本三大電信公司的負債情況為例，向各位進行說明。以2020年3月的決算為基礎進行比較，可以發現NTT docomo、KDDI和軟銀的負債所占比例全然不同。

進一步觀察負債的內容，可以看出在計息負債方面有非常大的差異。NTT docomo的計息負債比例微乎其微，KDDI介於其他兩家公司的中間，軟銀則占了相當大的比例。由此可見，軟銀向金融機構借貸了大筆資金。讓我們試著比較一下計息負債比例截然不同的軟銀和NTT docomo兩家公司吧。

軟銀屬於積極貸款，藉由投資資產來發展事業的類型。這家公司主要是通過企業收購，積極朝事業多角化發展的方向來經營。像Yahoo株式會社、LINE株式會社等等，都是軟銀曾經收購的企業。

時至今日，軟銀已在日本成為三大電信商的巨頭之一，它之所以能在日本的電信業占有一席之地，是以從英國Vodafone集團手中收購Vodafone株式會社為契機，才開始站穩其電信公司龍頭的地位。想要收購這種規模的企業，當然需要大量資金，這使得計息負債所占的比例也比較容易變大。

另一方面，NTT docomo採取的是比貸款的安全性更高的經營型態。NTT docomo最初是由名為「日本電信電話公社」（電電公社）的國營特殊法人所成立，移動通信業務由此分離出來之後，成為NTT docomo公司。在這樣的背景下，我們可以認為，與單純的民間企業相比，其經營文化所追求的是更穩定的經營；NTT docomo公司不承擔風險、穩健經營的性質也體現在其偏低的負債上面。此外，其線路簽約數在三家電信商中排名第一，這或許也是推動這個性質的一大主因。

由此可見，通過觀察負債，有時也能從中清楚地看出「公司的性格」。

補充　營運資金

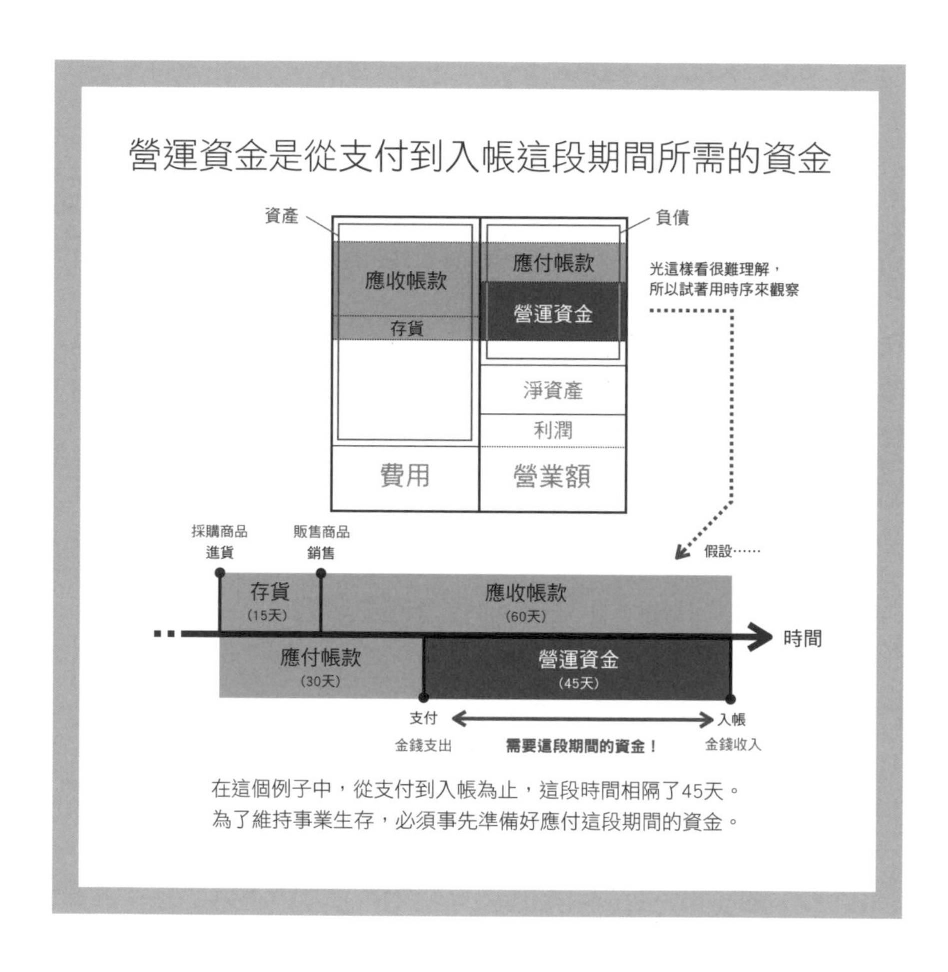

營運資金是從支付到入帳這段期間所需的資金
資產
負債
應收帳款
存貨
應付帳款
營運資金
淨資產
利潤
費用
營業額
光這樣看很難理解，
所以試著用時序來觀察
假設……
採購商品
進貨
販售商品
銷售
存貨
(15天)
應收帳款
(60天)
時間
應付帳款
(30天)
營運資金
(45天)
支付
金錢支出
需要這段期間的資金！
入帳
金錢收入
在這個例子中，從支付到入帳為止，這段時間相隔了45天。
為了維持事業生存，必須事先準備好應付這段期間的資金。

有個名叫**「營運資金」**的用語。這也是不太容易理解的概念，往往讓人避之唯恐不及。然而，如果實際經營事業的話，這個概念就顯得非常重要；為防萬一，在這裡做個補充。營運資金可用「應收帳款＋存貨－應付帳款」來計算*。有沒有人第一次見到這個式子就明白它的含義呢？

像我一開始就完全看不懂這個式子代表的意思。比如為什麼有加法和減法？想要瞭解營運資金的含義，必須具備「時間軸」的概念。

如圖所示，「應收帳款」和「存貨」屬於資產的一部分。**應收帳款是指未來取得金錢的權利；存貨是指商品尚未販售出去，仍有剩餘的狀態。**過了一段時間，存貨銷售出去，向買方提出帳單，就變成了應收帳款。換言之，應收帳款和存貨雖然名稱不同，但**存貨只要銷售出去，就會變成應收帳款；從這層意義上來看，流程是一脈相承的**。

我們再試著以具體的數字來檢視吧。舉例來說，假設製造商品，從存貨到全部售出（變成應收帳款）的期間為15天，應收帳款實際入帳的期間為60天。這代表從商品生產完成後，一共有75天不會有金錢入帳。

另一方面，與應收帳款相反的是應付帳款，這是將來必須支付的金錢。從客戶那裡收到帳單，雙方約定在下個月底之前支付款項。假設約定的時間是30天後，那麼反過來說，這30天內不需要付款。換句話說，從30天後支付，到75天後入帳，中間會產生45天的時間落差。這筆**用來填補時間落差的資金，就是營運資金**。

為什麼要用那麼大的篇幅來介紹營運資金呢，因為它是**用來確保維持事業營運所需的資金，多半會向銀行貸款**的緣故。企業的短期貸款基本上是拿來作為營運資金，這麼說一點也不為過。理解營運資金，可以幫助我們瞭解「為什麼需要負債？」這個問題中的一個答案。

＊應收帳款和應付帳款原本常被計算為包括票據在內的「應收帳款」和「應付帳款」，這裡為了讓大家理解概念故而簡化。

＊在營運資金的計算中，也有「營運資金＝流動資產－扣除計息負債的流動負債」這種寫法。可以根據目的分開使用，但這裡將其省略。

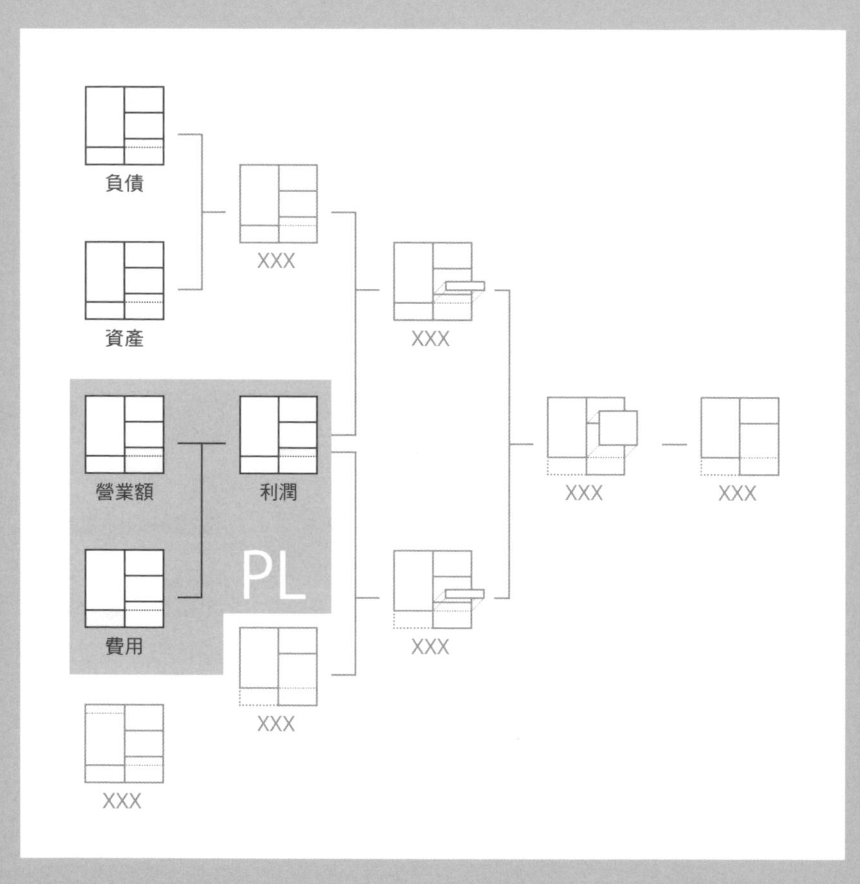

「負債」的部分填上去了。負債的觀念有點複雜，容易讓人感到很難理解。「為什麼不能把負債稱為貸款呢？」我想大家應該有辦法回答這個問題了吧。因為「貸款是指計息負債，負債包括不計息負債」。接下來終於要進入「淨資產」的話題。

淨資產

為股東思考「如何使用累積下來的利潤」的金錢

什麼是淨資產？

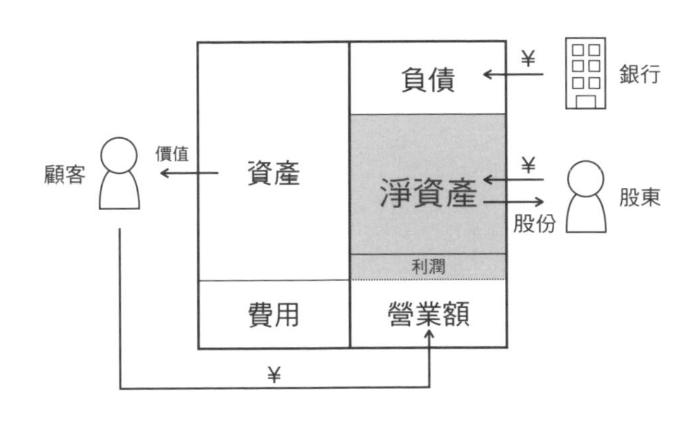

公司純粹的資產，
每年都能產生利潤而持續增加

檢視淨資產的內容

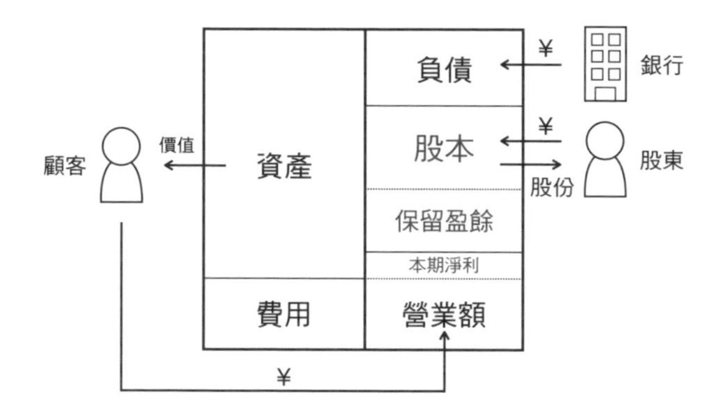

可分為股本、保留盈餘、本期淨利等*
什麼是股本？

※如果仔細檢視淨資產，可以看到其中還包括資本公積、其他綜合損益累計額、新股認購權、非控制權益等項目，這裡因為內容繁雜，故將其省略

什麼是股本？

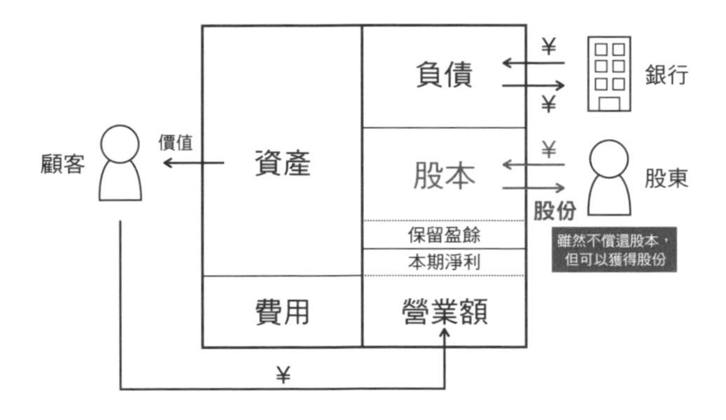

股本是由股東出資，不需償還的金錢，
而負債必須償還，這是兩者之間的差異
那麼，什麼是保留盈餘？

7
淨資產

什麼是保留盈餘？

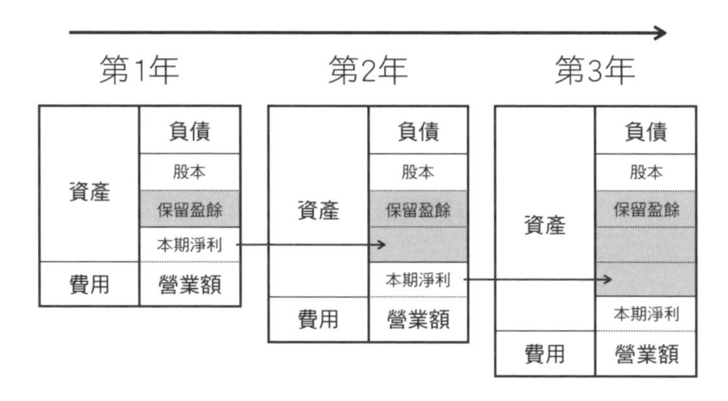

每年所累積的本期淨利，
累計起來就是保留盈餘

↓

換言之，利潤增加，淨資產也會隨之增加

淨資產是指公司自己持有的資金總額。作為本金的金錢是透過兩種方法來蒐集，一種是從別人手中籌措，另一種是自己累積，用後者的方法積攢起來的金錢稱為淨資產。負債這類從他人手中籌措而來的資金必須償還，但**淨資產沒有償還的義務**。

淨資產大致分為兩大面向。一個是「每年累積的利潤」，另一個是股東出資的「股本」。股本是成立公司時，股東拿出的第一筆錢，之後也可以增加。

●用「淨」來表示，是為了回應股東的期待

淨資產增加是為了回應股東的期待。說起來，公司一開始是由股東出資成立的。將這些資金作為本金來經營事業，不斷累積利潤。這些累積的利潤就稱為**「保留盈餘」**。通過增加保留盈餘使淨資產增加，以回應股東的期待。

淨資產原本就屬於企業的所有者，也就是股東。因此，也有觀點認為，不應該作為保留盈餘累積下來，應該要全部作為股利分配給股東。話雖如此，但就是因為公司期待通過將淨資產的一部分投資於事業上以增加報酬，才會選擇不採取分配股利的方式，而是將利潤累積起來。

換言之，淨資產是**股東可能會要求「如果不能滿足期待，就全部作為股利返還」的金錢**。企業創造出超越股東出資期待的報酬，唯有這個正當性受到認可，才能累積保留盈餘。

●可以看出企業的「安全性」和「獲利能力」

只要檢視淨資產，就能分析公司的安全性，也就是「破產的可能性有多大」。**因為只要觀察相對於公司資產的淨資產有多少，就能得知不依靠負債可以籌措到多少資金的緣故。**淨資產在資產中所占的比例叫做**「自有資本比率」**（在本書中，我們可以將自有資本和淨資產視為相同的東西）。這個比率愈高，代表依賴負債的比率愈低，公司破產的可能性就愈低。

此外，保留盈餘是從公司成立至今的利潤中扣除稅金和股利後的利潤累積，因此也可以透過它來瞭解公司的長期收益性。

綜上所述，我們可以從淨資產看出自家公司的安全性、獲利能力，以及與競爭對手比較自家公司的財務特徵。

「淨資產」的思考範例

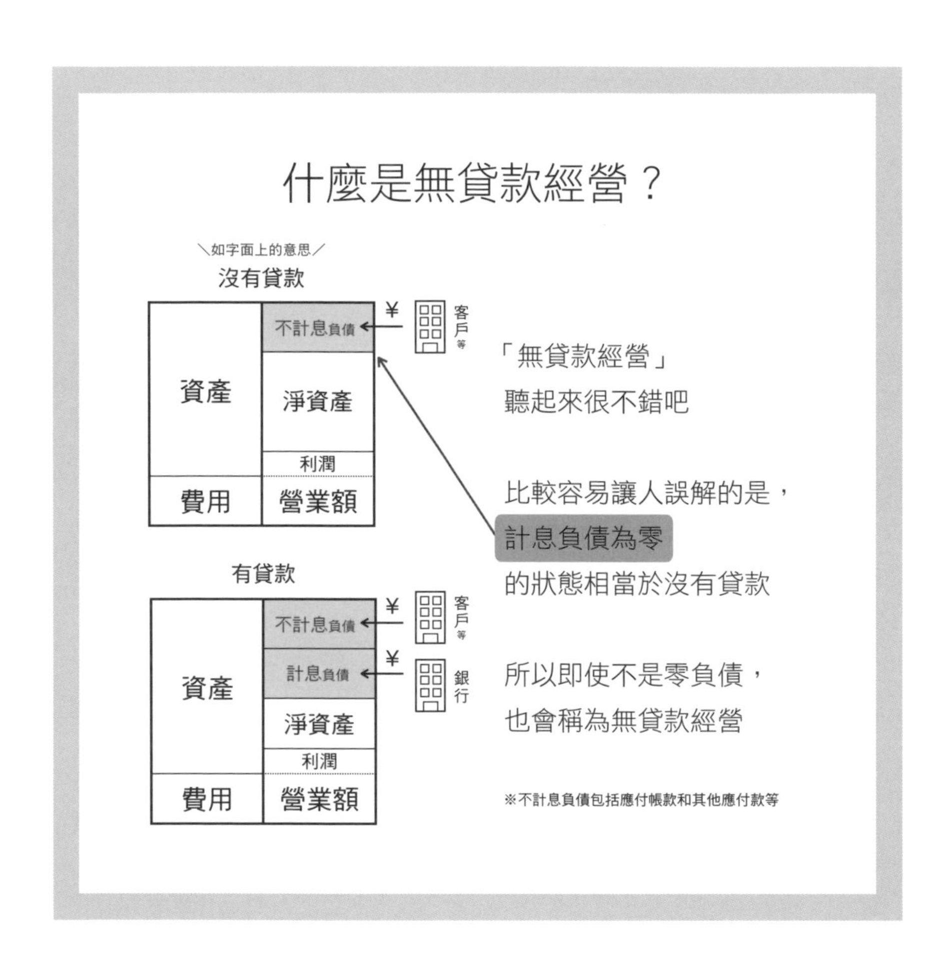

什麼是無貸款經營？
＼如字面上的意思／
沒有貸款
資產
不計息負債
淨資產
利潤
費用
營業額
¥
客戶等
有貸款
資產
不計息負債
計息負債
淨資產
利潤
費用
營業額
¥
客戶等
¥
銀行
「無貸款經營」
聽起來很不錯吧
比較容易讓人誤解的是，
計息負債為零
的狀態相當於沒有貸款
所以即使不是零負債，
也會稱為無貸款經營
※不計息負債包括應付帳款和其他應付款等

不知道大家有沒有聽說過「無貸款經營」這個名詞。一說到貸款，很容易給人一種不是很好的印象。有些人可能會聯想成「無貸款＝沒有負債」，認為是穩定經營的優良公司。然而，事實上未必如此。無貸款經營很容易受到誤解。

這個誤解主要分為兩種。第一種誤解是「無貸款不等同沒有負債」。如前所述，負債分為不計息負債和計息負債這兩種類型。其中，**沒有計息負債的狀態，通常就稱為「無貸款經營」**。

計息負債是從銀行借來的金錢，需要支付利息。相反地，不計息負債沒有支付利息的義務。不計息負債相當於像應付帳款這類之後才支付款項的交易。向銀行借貸的資金，與通過事業產生的不計息負債，兩者有著根本上的區別。

換句話說，無貸款是指計息負債為零的狀態。不計息負債通常是在經營事業時產生，所以不算在內。

另一個誤解是**「無貸款經營未必就是優良公司」**。確實，如果是在計息負債不多的狀態下，就不太需要持續支付利息或償還負債，手頭的資金用光（破產）的風險也比較小，因此能夠獲得「安全性較高」的評價。

不過，也有一種觀點認為，假使本來就處於如此穩定的狀態，那麼不妨借更多的錢，承擔風險進行投資，藉由這種方式增加報酬。

如前所述，股東是抱著為自己增加利潤的心態而進行投資。在這樣的情況下，公司仍舊採取無貸款經營的策略，我們可以理解成是為了增加股東的報酬而不願承擔風險。

當然，這裡的意思並不是要告訴大家「貸款多多益善」。是否會因為太過拘泥於安全經營而錯失事業成長的機會，取得兩邊的平衡就是關鍵所在。

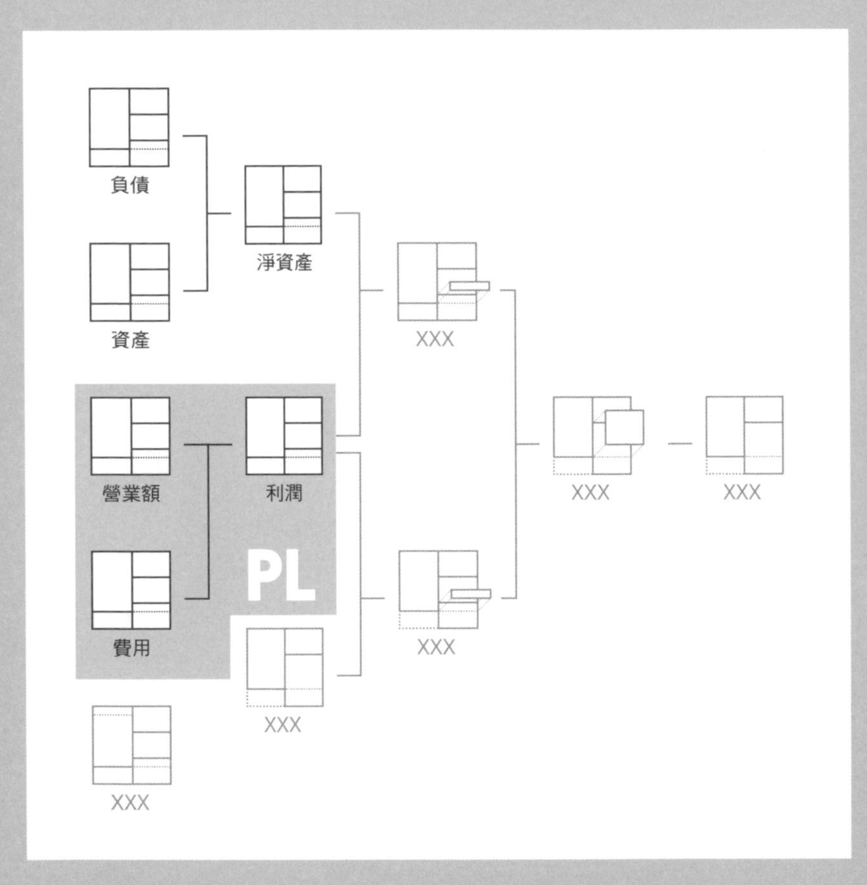

這樣就把「淨資產」的部分補上去了。讀到這裡，我想大家也差不多有點疲累了吧。一口氣讀完固然很好，但也請大家別忘了要適當休息一下。

資產、負債、淨資產這三項都填上去了，下面讓我們用下一節的「BS」來做個總結。

8

BS（資產負債表）

記錄至今為止的歷史，能夠瞭解「公司性格」的文件

什麼是BS（資產負債表）？

可以透過BS一覽資產、負債、淨資產等項目
瞭解公司如何運用資金的文件

※BS是Balance Sheet的縮寫

從兩方面衡量企業的活動

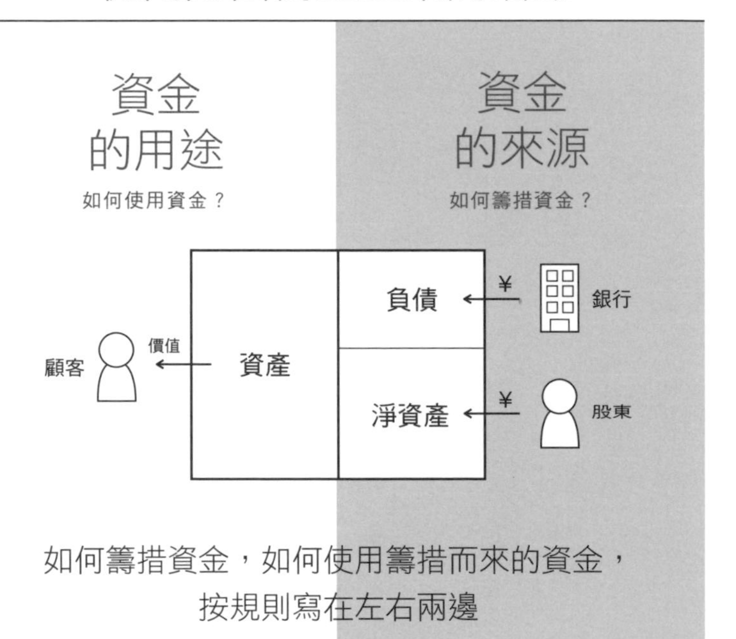

如何籌措資金，如何使用籌措而來的資金，
按規則寫在左右兩邊

假設向銀行貸款

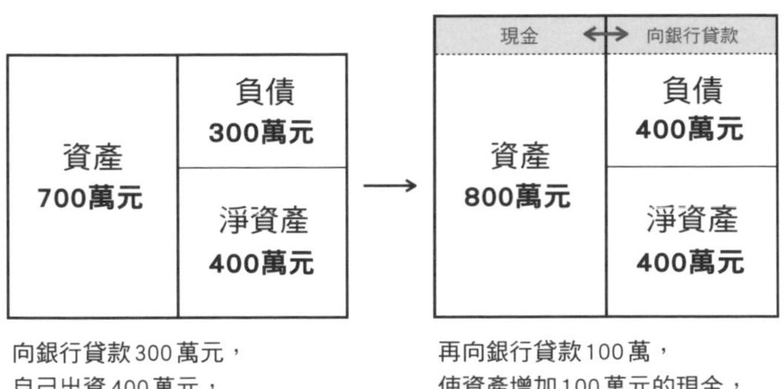

向銀行貸款300萬元，
自己出資400萬元，
總共有700萬元的現金

再向銀行貸款100萬，
使資產增加100萬元的現金，
總共有800萬元的現金

向銀行貸款而來的資金追加為負債，
資產上追加相應的現金
這樣的交易就會影響到帳面上的紀錄

BS與PL互有關聯

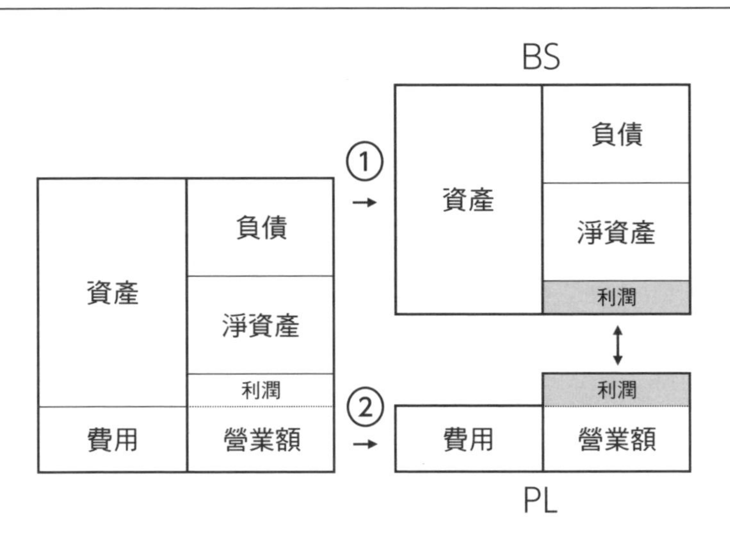

BS和PL通過利潤連結在一起
每年的利潤都會併入淨資產

BS是可以一覽資產、負債、淨資產三個項目的文件，在會計上稱為資產負債表。這張表的左邊是資金的用途，右邊是資金的來源。換言之，我們**可以將公司的活動分解為「如何籌措資金」的原因，和「如何運用資金」的結果，並兩相進行對照**。

表格左右兩邊的值一定相等，檢視時要對照左右兩邊，看看是否有誤。資產負債表的英語是Balance Sheet，簡稱BS，它和PL一樣，都是財務報表的一種。

●BS對於經營判斷有哪些幫助？

經營者可以通過檢視BS，根據數字做出對公司經營相關的決策。對於經營者來說，「公司會不會倒閉？」是他們最關心的重要事項之一。即使PL上顯示有所獲利，但如果支付的款項超出利潤的話，公司仍會倒閉。

舉例來說，負債中有個名叫「流動負債」的項目，這是指一年內必須償還的負債。如果流動負債大於一年內可以變現的資產，也就是「流動資產」，那麼就很有可能面臨拖欠款項的窘境。因此，人們會通過觀察流動負債和流動資產的比率，來判斷拖欠還款的風險，這個比率就叫做**「流動比率」**。

另外，為了判斷「自己的資產能帶來多少利潤？」，將利潤和資產進行比較，此稱為「資產報酬率（ROA）」。綜上所述，**無論是考慮公司的利潤或者公司的存亡，BS都是一項重要的指標**。

●「進行比較」的有趣之處

大家不妨試著檢視一下自家公司的BS，調查是否存在業界特有的比率，就能對業界有更進一步的理解；將業界的一般比率與自家公司進行比較，就能瞭解自家公司的特徵。這樣一來，我們就可以用數字來解讀公司對安全性和效率性的看法，也可以成為自己在工作時猶豫該做出什麼決策時的指南。

此外，若和其他公司進行比較，就能思考「自家公司與其他公司有什麼地方不同」、「其他公司具備哪些特徵」，以決定經營時是否採取承擔風險活用負債，或者安全地運用資產等方式。

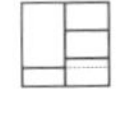

「BS」的思考範例

金融事業龐大的丸井集團

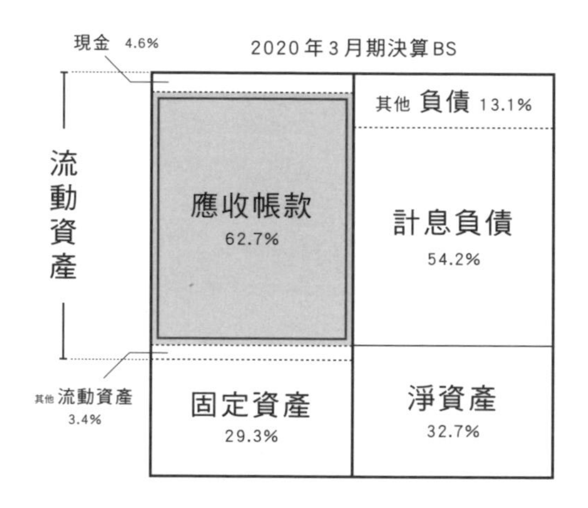

以零售知名的丸井有大量的應收帳款
實際上是因為小額貸款及固定限額還款等
金融業務的規模較大的緣故

※這裡的應收帳款是指應收分期帳款和應收貸款

只要檢視BS，就能掌握該公司的業務特徵。這裡以丸井集團為例，向大家進行說明。大多數的人或許會以為丸井屬於零售業，但實際上除了零售業之外，丸井也涉足金融事業。丸井的業務特徵在BS中會如何呈現呢？

例如，流動資產中有個名叫「應收帳款」的項目，從表格上可以看出其占了很大的比例。應收帳款原本就是指尚未從客戶手上收回的債權（可以請款的權利）。應收帳款中包括應收帳款和應收票據，這裡的應收帳款是指「應收分期帳款」和「應收貸款」這兩種。

一般來說，應收帳款都是尚未回收的資金，如果這個金額過大的話，就會發生問題。因此必須盡快從客戶手上回收這些資金，使金額縮減。然而，**丸井的商業模式卻非常獨特，應收帳款是這家公司的一大獲收來源**。

這是因為丸井的應收帳款會產生利息的緣故。應收分期帳款是指固定限額還款、分期付款等方式所產生的應收帳款；應收貸款是指小額貸款，也就是經由借出現金而產生的貸款。這些貸款可以獲得龐大的利息，因此即使應收帳款的比例較高，也是丸井獲利的源泉，這可說是丸井最大的特徵。

另一方面，檢視丸井的負債，可以看出有很多的計息負債。計息負債之所以如此龐大，是因為應收帳款無法立即取得現金的緣故。一旦需要現金的時候，就會發生手頭現金短缺的情況，這時就必須進行貸款。順帶一提，丸井集團是**將計息負債的金額定為應收帳款的九成附近**。如果超貸金額的話，一旦應收帳款變成呆帳，那麼公司破產的風險就會提高。

話說回來，丸井為什麼會成為這種結合零售和金融的商業模式呢？丸井一開始其實是靠銷售家具起家的。由於家具價格昂貴，顧客購買時多半不會一次付清，大部分都是以貸款的方式購買。因此從「零售與金融」的業務面來看，當時這種模式早已存在。

透過商業設施「OIOI」聚集人潮，在那裡招攬信用卡（EPOS Card）的會員，利用信用卡獲得穩定的收益，同時打造更具魅力的店鋪來吸引顧客，使新會員不斷增加，丸井就是通過這樣的方式來產生綜效。

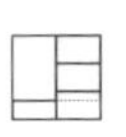

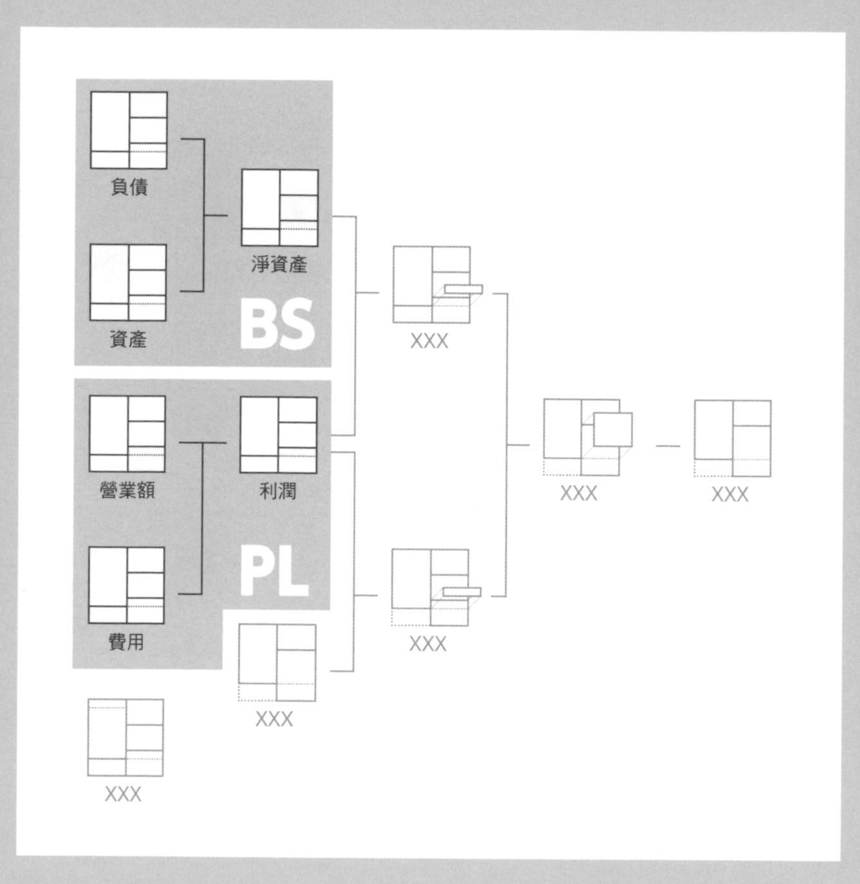

填上「BS」之後，PL和BS的介紹都到此結束。營業額、費用和利潤；資產、負債和淨資產。不光是理解個別的內容，大家也能想像出彼此之間的聯繫和全貌嗎？本書開頭所說「公司的資金流向」是如何連結在一起的說明，基本上就到此告一段落。不過，還有一個項目要請各位特別注意，那就是「現金」。

9

現金

能夠變成任何型態的最強資產

什麼是現金？

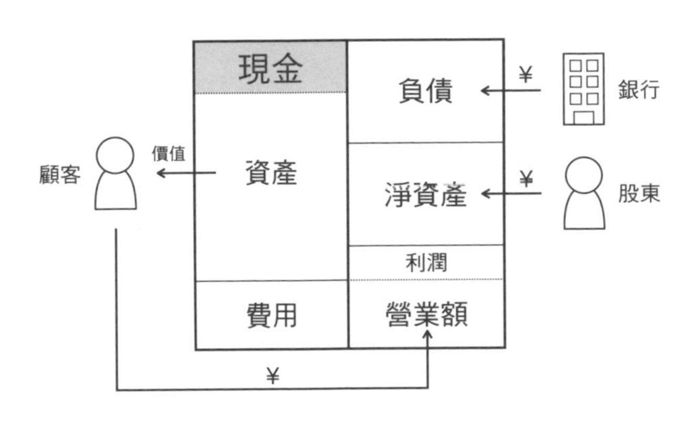

現金為什麼是最強的資產？

現金是可以變成任何型態的萬能資產

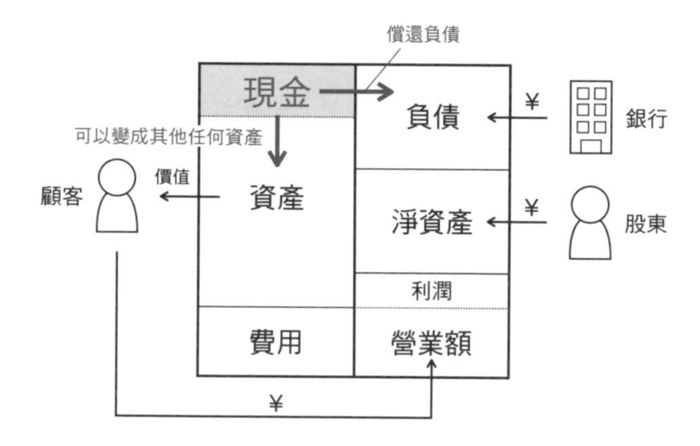

可以轉換成其他任何資產
也能拿來償還負債的萬能資產
↓
所以現金愈多的公司愈優良？

現金愈多的公司愈優良？

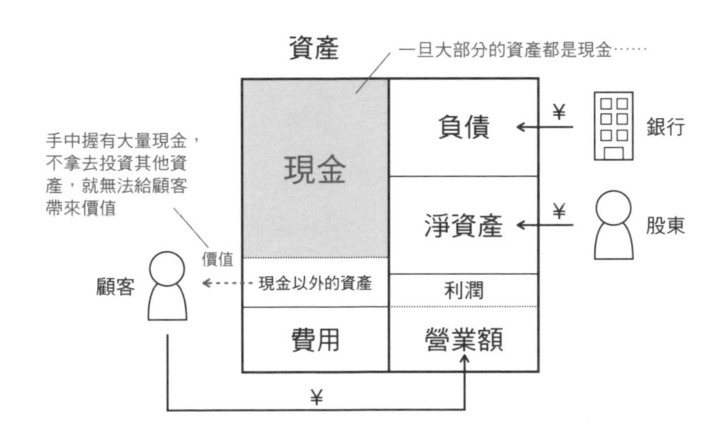

雖然持有大量現金有較高的安全性，
但隨著投資減少，為顧客提供的價值也會減少

9
現金

現金較少會出現什麼情況？

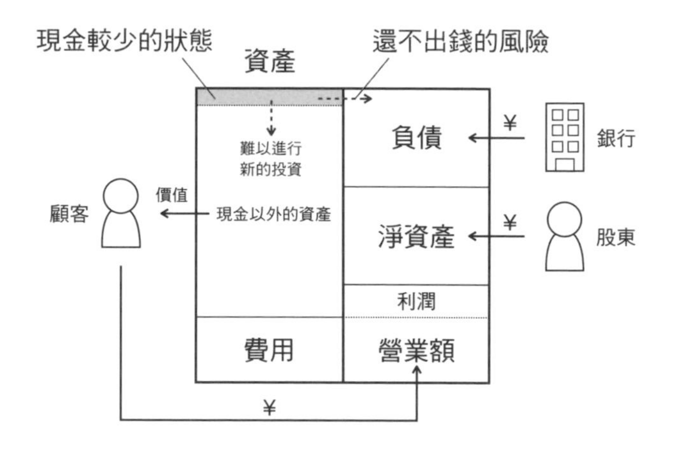

如果現金不多，就難以進行新的投資，
也有無法償還負債的風險，所以取得平衡非常重要

※償還負債的時候，若能預測到資金不足的情況，也可以將流動資產變現來償還，
而不是用現金，但這裡我們只從現金的角度來探討

現金是最強的資產，它可以變成其他資產，像是生產商品，或是投資生產商品所需的設備，也能拿來償還負債。總之現金是一種可以變化成任何型態的資產。

●「持有大量現金」並不全然是一件好事

人們往往會認為「手上的現金愈多愈好」。當然，持有大量現金是一件再好不過的事。手上的現金愈多，愈能按時償還必須支付的款項，代表安全性很高（≒破產的風險較低）。然而，持有大量現金也未必是一件好事。

因為這會讓人覺得「難得手上有現金，卻不拿去運用在投資上」。握有大量現金，就意味著可以進行相應的投資。這裡所說的投資，是指把現金變成資產。

換句話說，**如果只是死抱著現金不放，就會被認為是「白白損失了投資良機」**。因為如果將這些現金投資到其他的資產，就有可能獲得更多的報酬。

●當現金變成「風險」時

舉例來說，當手頭有多餘的現金時，可以考慮用來增加新設備以完善製造商品的體制，或者將其投入研發，開發出比其他公司優秀的商品。

現金增加，經營方面的選項就會跟著增加。另一方面，如果只是一味地增加選項而遲遲按兵不動的話，這段時間內就不會創造出任何價值。如果其他公司趁這段時間投入大量資源在商品開發上，因而研發出大受歡迎的商品，這樣的話就只能眼睜睜看著顧客逐漸流失，最終後悔莫及已經為時已晚。

另外，之前也曾提過，身為公司所有者的股東，就是認為將資金交由這家公司運用能夠獲利，所以才會甘冒風險進行投資。如果什麼事都不做，只是把現金握在手裡，可能就會違背股東的期待。

●「應該持有多少現金？」的思考提示

那麼，公司應該持有多少現金呢？

其中一種觀點是思考「該行業的業務有多少的不確定性」。換句話說，就是「必須準備多少資金來因應意料之外的情況」。**現金只有在發生意料之外的情況時才能突顯出它的重要性**。

一般認為，家用遊戲機行業持有現金的比例，較其他行業要來得高。

以最具代表性的家用遊戲機企業任天堂為例，這家公司就是以持有大量現金聞名，手上通常都握有數千億日圓的現金。這是因為，一旦「投入大量資金銷售的遊戲主機不受歡迎」的話，公司的業績就會明顯惡化。因為業績變動的風險極高，如果沒有準備大量現金，在業績惡化的時候就會無法因應。

企業如果投入的是業績會受到趨勢影響的行業，為了因應商品沒有受到顧客青睞時的損失，多半較傾向於持有大量現金。

所以對於是否應該持有多少現金的問題，沒有固定的答案。但是，行業和業務的業績變動風險程度愈高，持有現金就愈安全；如果變動風險較小，也可以選擇把現金用於投資和償還。

這裡也是將重點放在維持這樣的平衡感。

「現金」的思考範例

現金比例偏高的任天堂

任天堂2020年3月期決算

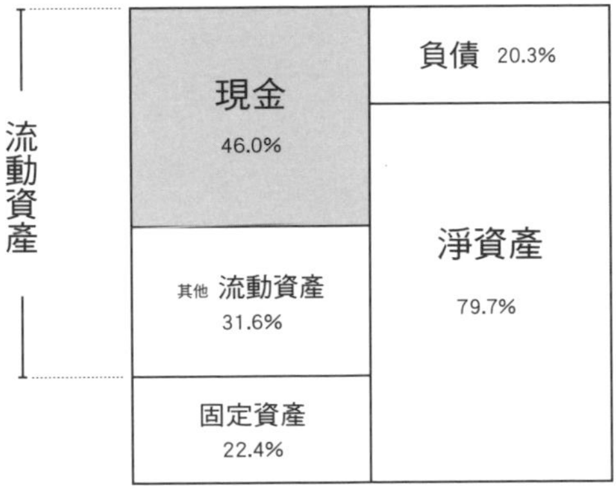

<table>
<tr><td rowspan="2">流動資產</td><td>現金
46.0%</td><td>負債 20.3%</td></tr>
<tr><td>其他 流動資產
31.6%</td><td rowspan="2">淨資產
79.7%</td></tr>
<tr><td></td><td>固定資產
22.4%</td></tr>
</table>

遊戲業界的現金持有率較高。任天堂就是其中之一，其手中往往持有數千億日圓的現金。這是因為一旦投入大量資金銷售的遊戲主機不受歡迎的話，公司的業績就會明顯惡化的緣故。

※現金通常也包括存款，所以表格上多半會將現金和存款合併在一起使用，以「現金及銀行存款」的項目來表示

前面說過，公司應該持有多少現金，是由該行業的特徵來決定。以任天堂為例，其資產中的流動資產比例高達七成，其中現金的比例占了大多數，約有46%的資產都是現金。

從任天堂2020年3月期的決算來看，當時任天堂的手上持有8,904億日圓的現金。任天堂並不是只有當時才擁有如此大量的現金，它一直以來都隨時準備著數千億日圓的現金，這件事可說眾所周知。

為什麼任天堂要持有如此大量的現金呢？我們根據家用遊戲機行業的特徵就可以看出其中端倪。家用遊戲機行業的現金持有比例較高，這是因為家用遊戲機的銷量不容易預測的緣故。

花費大量資金和時間開發的遊戲主機完全乏人問津，像這樣的情況實際上並不罕見。即使是遊戲機業界的龍頭任天堂，也有可能面臨這樣的窘境。

換言之，如果遊戲主機大受歡迎，就能獲得龐大的報酬，但如果玩家不買單，就會損失慘重。

由此可見，公司應該持有多少現金這個問題，得視行業和事業的特性，根據「必須準備多少現金來因應意料之外的情況」來決定。

正因如此，為了防止意外情況，或者是即使商品不受歡迎，也可以透過這次的經驗研發出下一個新的暢銷商品，基於這些理由，公司必須持有大量的現金。

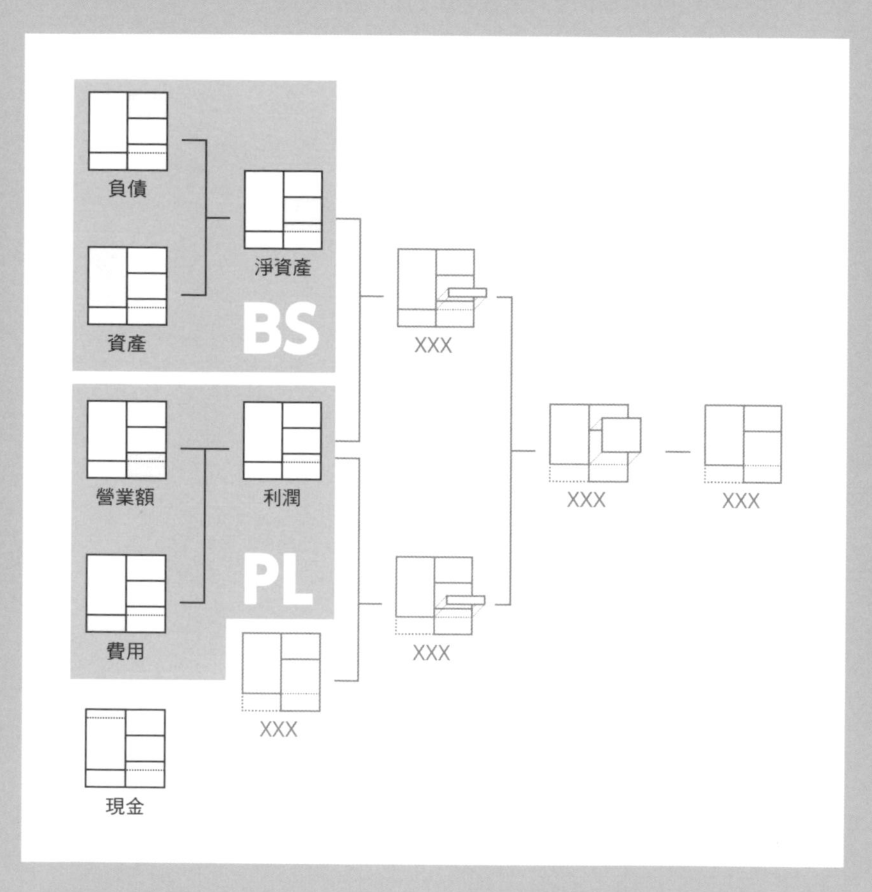

「現金」的部分填上去了。接下來要介紹的是能夠一覽現金動向的「現金流量表」。

10

CF（現金流量表）

足以充分瞭解現金用途的文件

什麼是現金流量表？

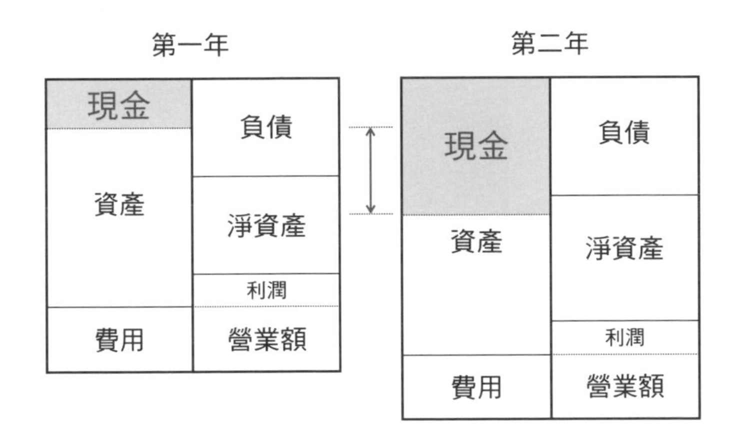

針對現金在一年中變化了多少，
以及現金用在哪裡進行彙整的文件

※CF是Cash Flow Statement的縮寫

可以把增減的現金分為三種類型

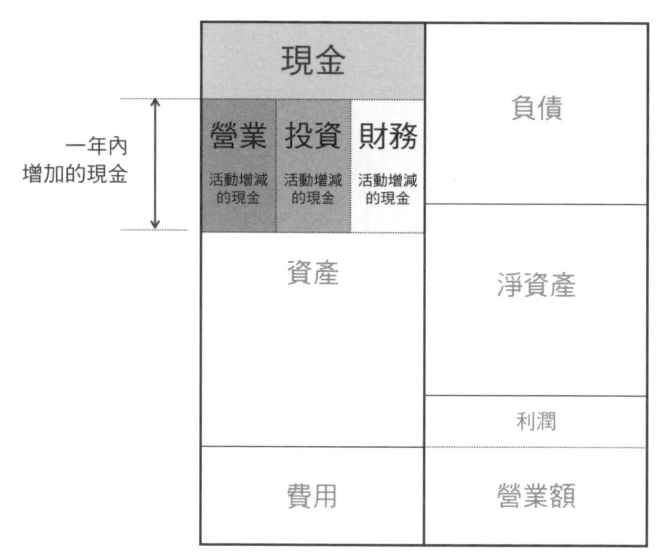

從營業、投資、財務三方面來區分現金
是透過哪種活動而增加（減少）

什麼是營業、投資、財務活動？

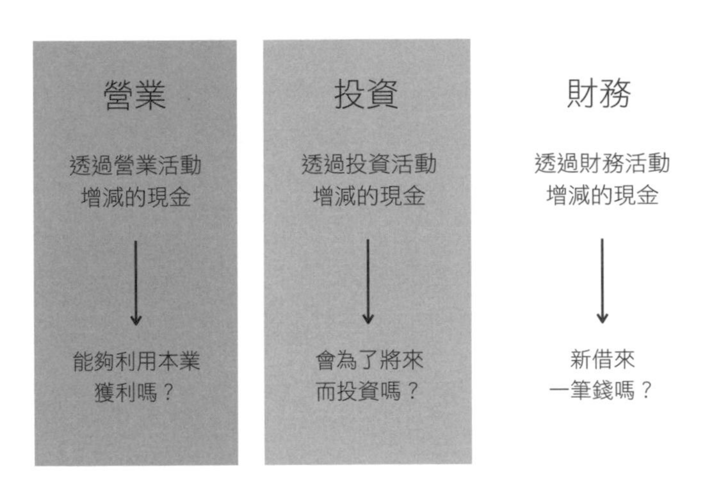

從這三個觀點來檢視現金的增減，
就能從現金出入的角度來觀察經營的實際狀況

連正負都能更加一目瞭然

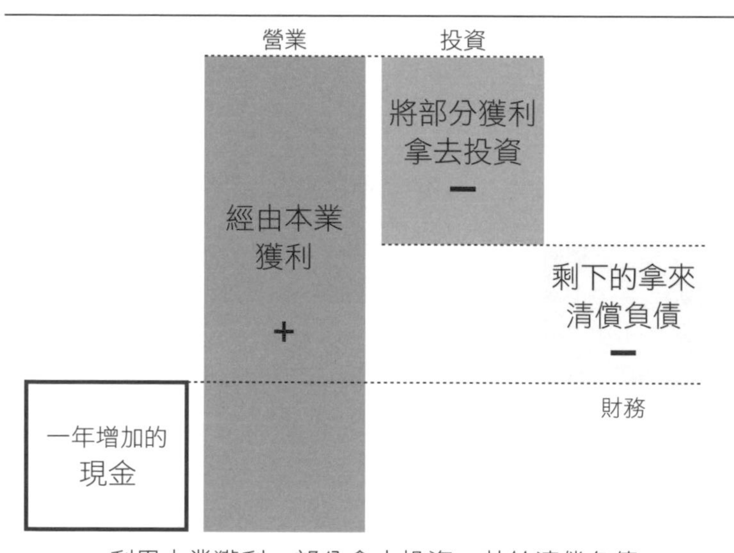

利用本業獲利，部分拿去投資，其餘清償負債
這種方式被視為較健全的現金流量分配
重點在於這三種類型的正負是如何構成

CF是用來檢視現金使用方式的一項工具。這是將「有多少現金用在什麼地方」分成營業、投資、財務三種類型來思考的文件。因為是用來觀察現金（Cash）的流量（Flow），所以稱為現金流量表。Cash flow Statement簡稱CF。

CF和BS、PL一樣，都是財務報表的一種。BS和PL已經在前面介紹過，這樣一來三張財務報表都齊全了。

●「如何獲得現金，將其用於何處」一目瞭然

CF的歷史比起BS和PL還要短。日本是在2000年開始使用，它與PL、BS構成所謂的財務三表，並透過這兩者推算出來。

之所以需要通過CF計算現金，是因為如果只以PL來計算利潤，不容易掌握手上實際的現金流向。一旦手頭沒有現金，公司就會破產。有的時候也會出現「黑字破產」，也就是公司確實有獲利，但手頭的資金卻告罄，導致無法支付必要的費用而破產。**CF的存在就是為了確認手頭的現金是否充足，是否受到合理的運用。**

那麼，為了掌握現金的動向，將其分為「營業」、「投資」、「財務」三種類型的理由是什麼呢？這三種類型各有各的意義。如果營業活動的增加幅度較大，就表示本業有充分的獲利。如果投資活動的減少幅度較大，就表示正在對設備等進行投資。如果財務活動的減少幅度較大，就表示公司有按時償還負債。

將現金的動向分為營業活動、投資活動、財務活動三種類型，就能得知這家公司是如何賺取現金，現金是用在哪些地方。

●將三種活動連結起來，就能看出「公司的想法」

將這三種活動連起來思考，就能看出公司的活動方針。例如，公司透過財務活動向銀行貸款（即呈現正數），取代將資金積極投入在投資活動上（即呈現負數），由此就能判斷公司此刻或許正以拓展事業版圖為目標，認為「現在正是轉守為攻的時機」。

我們可以透過CF來觀察現金的動向，試著從中解讀自家公司和競爭對手正打算採取什麼樣的戰略。

「CF」的思考範例

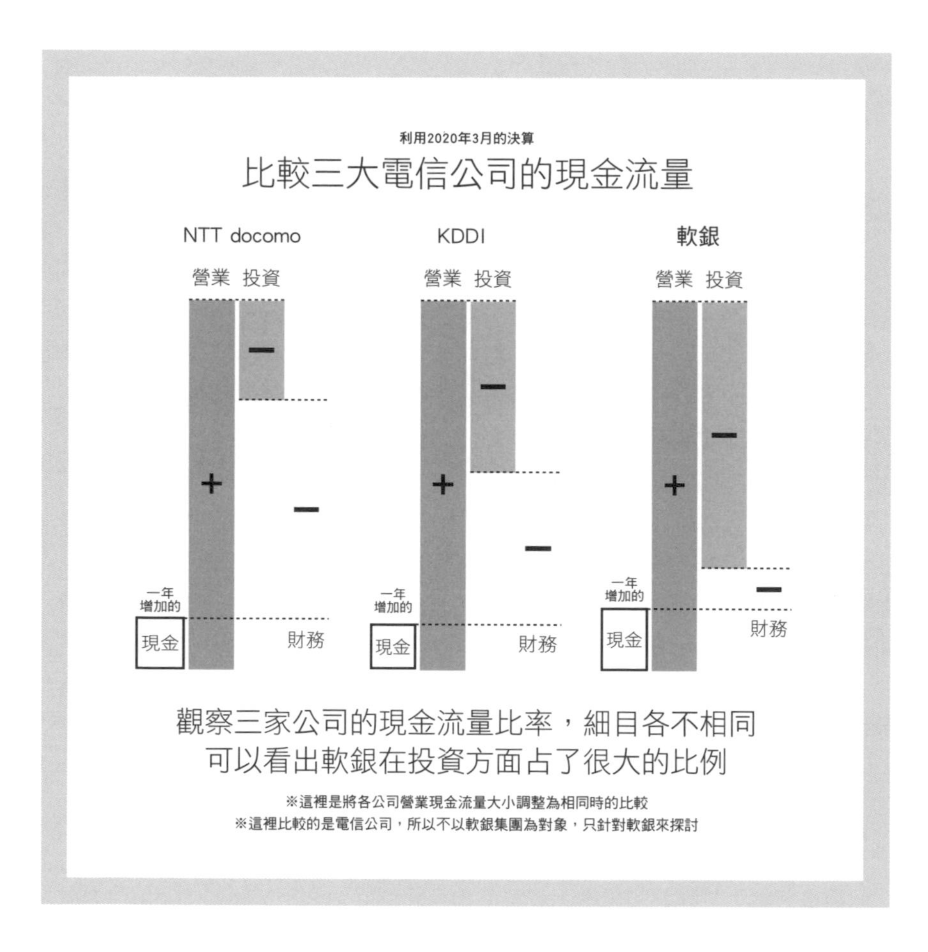

利用2020年3月的決算
比較三大電信公司的現金流量
NTT docomo
KDDI
軟銀
營業
投資
一年增加的
現金
財務
觀察三家公司的現金流量比率，細目各不相同
可以看出軟銀在投資方面占了很大的比例
※這裡是將各公司營業現金流量大小調整為相同時的比較
※這裡比較的是電信公司，所以不以軟銀集團為對象，只針對軟銀來探討

我們在第90頁的負債項目介紹過各家電信公司，這裡再從CF的角度來試著分析。如前所述，CF分為三種類型。

首先，三家電信公司的營業現金流量同樣都是正數。換句話說，我們可以看出三家電信公司的主業都有充分的獲利。

三家公司的投資現金流量和財務現金流量均為負數。投資現金流量是指取得或出售固定資產而產生的現金增減。財務現金流量是指資金籌措或還款等方面所產生的現金增減。我們可以看出，這三家電信公司均透過投資獲得資產，並按時清償負債。

可是，從投資現金流量和財務現金流量來看，NTT docomo和軟銀有著很大的不同。NTT docomo的投資比較少，財務方面有很大的負數。反觀軟銀的投資較多，財務方面只有一小部分的負數。

這個情況要如何解讀呢？如第90頁所示，軟銀的特徵是計息負債較多。投資比例如此之大，可以推測出通過負債籌措而來的資金都用於投資上面。事實上，投資現金流量也呈現很大的負數。這是為了將株式會社ZOZO變成子公司而購買的股份。此外，從財務現金流量來看，雖然作為支出的配股額等項目增加了，但可以看出這個部分是由計息負債的收入（銀行的應付貸款等）來支應。由此可以看出，軟銀的策略是以營業活動中取得的現金和應付貸款作為本金，在收購其他公司股份的同時不斷發展壯大。

另一方面，NTT docomo的財務方面為什麼會出現很大的負數呢？首先，從投資現金流量來看，負數有很大的比例是和資產的購置有關。我們可以看出，它是將營業活動獲得的利潤，用於形成本業所需資產的支出上。另外，為了彌補這個龐大的支出，NTT docomo與從2005年開始進行資本合作的三井住友信用卡公司解除了資本關係，三井住友金融集團於2019年4月1日收購三井住友信用卡公司的所有股份，這方面占了很大的原因。由於獲得股份轉讓部分的收入，使得負數變小。

從財務現金流量來看，主要集中在支付股利和償還負債所產生的負數。也就是說，NTT docomo和軟銀是採取兩種極端的做法，透過營業現金流量獲得的利潤，搭配投資現金流量，使本業穩健地成長，另外又透過財務活動償還債務，使財務持續邁向健全化。

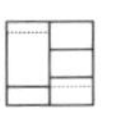

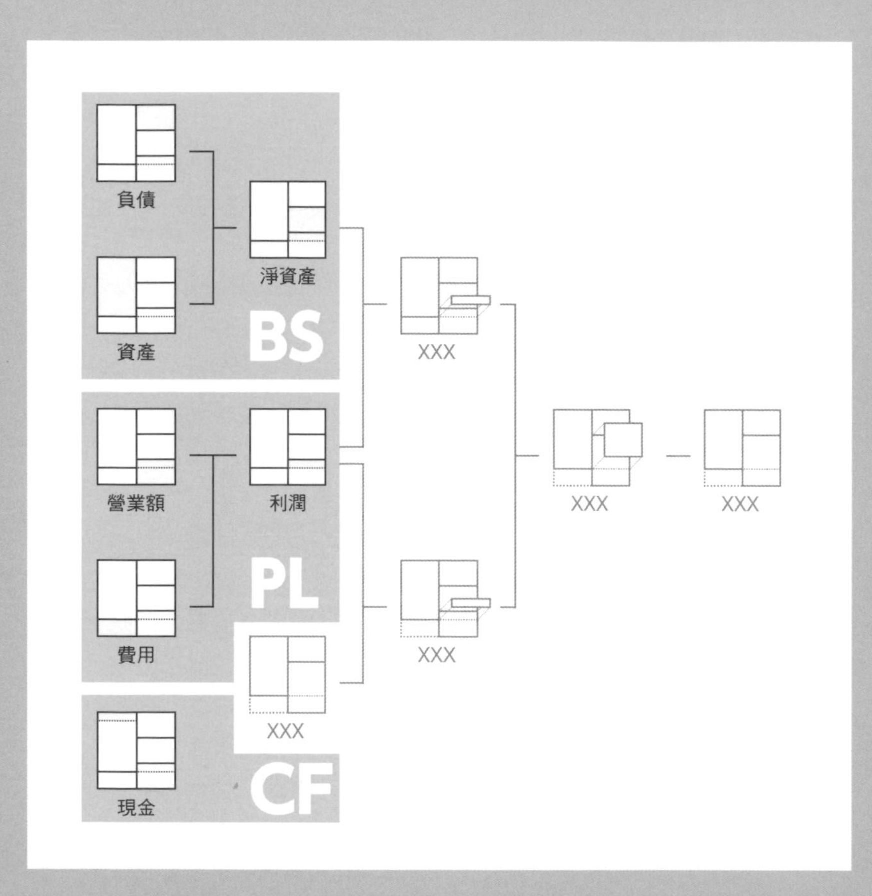

「CF」的部分填上去了。目前為止所介紹的PL、BS、CF，合稱為「財務三表」。而這三種財務報表其實互有關聯。接下來要介紹的就是它們之間的關係。

11

財務三表

用「利潤」和「現金」連結起來的三份文件

什麼是財務三表？

三個具有代表性的財務報表

① 資產負債表

英語為Balance Sheet，
縮寫為BS

② 損益表

英語為Profit and LossStatement，
縮寫為PL

③ 現金流量表

英語為Cash Flow Statement，
縮寫為CF

財務報表能使公司的經營狀態視覺化
這三個財務報表之間有什麼關係？

從資產負債表（BS）來看

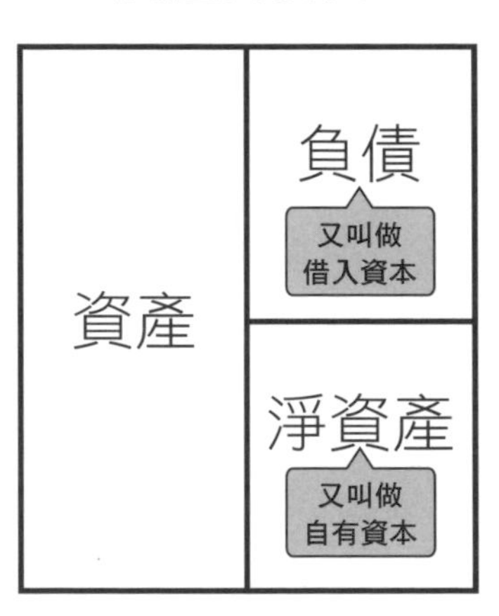

從BS可以得知資金的來源和用途
表示某個時間點的財產狀況

資產中包括現金，淨資產中包括利潤

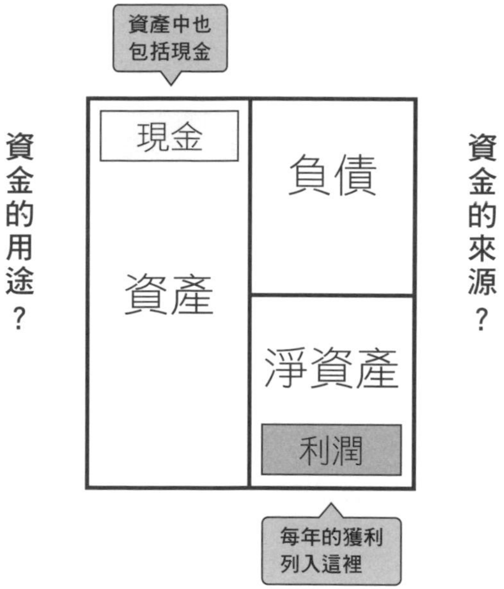

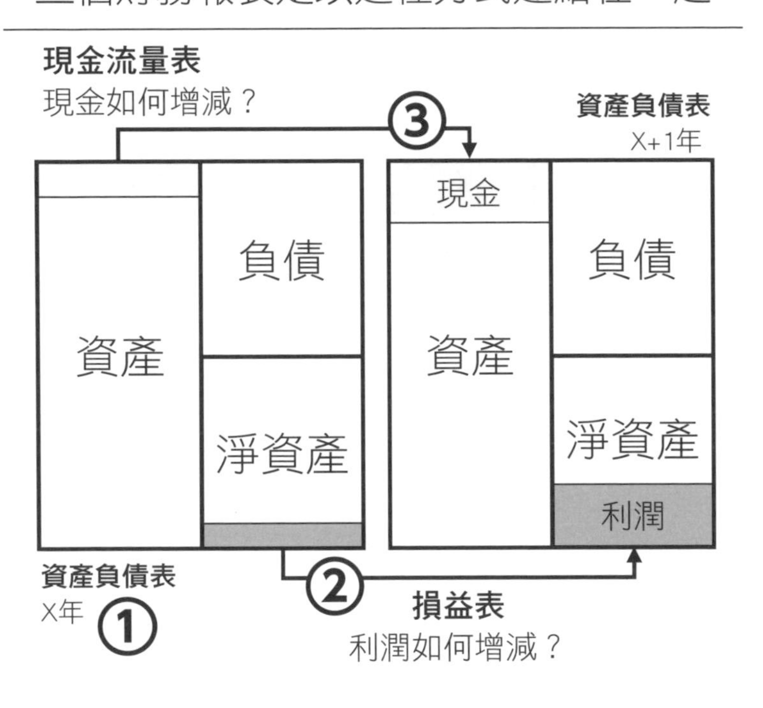
三個財務報表是以這種方式連結在一起
現金流量表
現金如何增減？
③
資產負債表
X+1年
現金
負債
資產
淨資產
負債
資產
淨資產
利潤
資產負債表
X年
①
②
損益表
利潤如何增減？

財務三表是前面介紹過最具代表性的三個財務報表PL、BS、CF的統稱。財務報表可將企業的經營狀態視覺化。既然讀到這裡，已經沒有必要個別進行解說。只要繼續閱讀下去即可。因為瞭解「為什麼使用這三張表？」才是最重要的一件事。

●利用「BS」將「PL」和「CF」連結在一起

為了思考三者之間的關係，首先我們從資產負債表（BS）開始觀察。之所以從BS開始說明，我希望這裡將原因停留在「因為BS是用來表示某個時間點的財產狀態」這個提示上。詳細說明就留到後半部。

BS的右半邊代表「資金的來源」，左半邊代表「資金的用途」。右邊大致分為「負債」和「淨資產」兩個部分。舉例來說，如果向銀行貸款，資金就會成為負債（借入資本），如果是自己出資，就會成為淨資產（自有資本）。

隨後，出現了「現金」和「利潤」這兩個重要的要素。企業基本上都是將籌措而來的資金轉換為商品、店鋪、工廠等資產，向顧客提供價值，以此獲取相應的報酬，不斷重複這樣的活動。在活動的過程中賺取的利潤，每年都會累積為「淨資產」。

另一方面，完全不使用籌措而來的資金，而是作為現金留在手上，這也是一種「資金的用途」。因此，資產中也包括「現金」。

三個財務報表的關係如下。

左頁②的損益表（PL）表示利潤的增減情況；③的現金流量表（CF）表示現金的增減情況。

開頭之所以會將BS說成「表示某個時間點的財產狀態」，是因為**「PL和CF」是用來表示BS的「利潤和現金」如何流動**的緣故。這樣一想，財務三表為什麼會由這三個部分構成，就稍微可以一窺其中的原因了。

●「大家投資的錢是這麼使用，結果變成這樣」

財務三表原本就是用來向公司的權益人（利害關係人）說明公司的財務狀態。之所以稱為權益人，是因為公司獲利就會雨露均霑，反之，公司受到損失也要概括承受。誠如PL的解說中所說，客戶、員工、銀行、國家、股東等皆屬之。

特別是向企業出資的股東，想瞭解自己出資的資金是否得到了合理的運用，這也是人之常情。因此，公司有必要向出資的人說明「大家投資的錢是這麼使用的，從結果來看，獲得這些利潤」。而財務報表就是用來說明這些內容的文件。

公司與權益人就是利用財務報表來進行溝通。**權益人根據BS判斷「資金如何運用」，根據PL判斷「如何創造利潤」，根據CF判斷「這家公司的體質是否健全」。**財務三表可說是用來判斷能否安心對企業進行投資的重要參考資料。

●一名商務人士閱讀財務三表的意義

根據前面的內容，讓我們試著觀察一下自家公司的財務三表。如此就能明白自家公司是否實際做到能夠負責任地對權益人進行說明的經營活動。

公司可以經由為社會創造附加價值來獲利，以持續進行商業活動。正因為有著能夠創造附加價值的信賴，股東才會向公司出資。

換言之，公司並不是獨立存在的，而是在不斷與社會進行溝通的同時從事商業活動。

是否繳出符合股東期待的成績單？

如果成績單不太好看，哪裡有改善的餘地？

只要觀察財務三表，就能思考這些事情。

在掌握公司全貌的同時，思考如何與社會構築更好的關係並贏得信賴，這不光是經營者的事，重要的是公司內的所有人都應該仔細地思考。

「財務三表」的思考範例

費用因造假而減少的醜聞

美國通訊公司世界通訊引發史上規模最大的會計造假事件

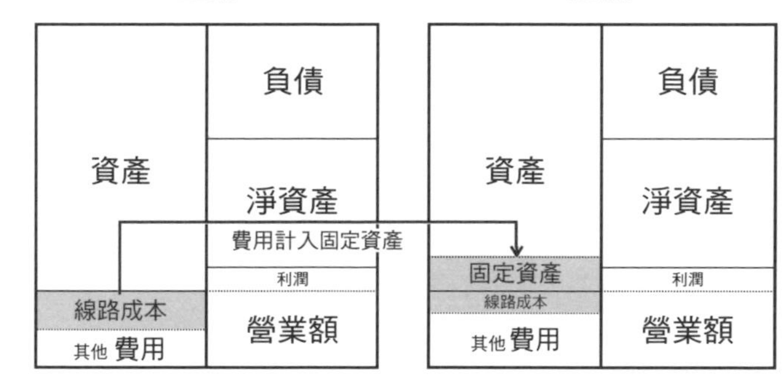

過去曾是美國知名通訊公司的世界通訊，將占了所有費用約一半的線路成本列入固定資產，使得費用大幅減少，虛構獲利成長的假象。

圖的大小並不代表數字的大小，只是為了方便說明而經過簡化

世界通訊通過降低費用、浮報營業額等手段，據說被炒作的金額高達92億5000萬美元

這裡介紹美國大型通訊公司世界通訊在2000年前後引發的著名會計造假事件，以作為說明財務三表之間關聯的範例。沒料到這家公司居然違法炒作90億美元以上的資金，虛構獲利增加的假象，當時引發社會各界一陣嘩然。下面開始介紹具體發生什麼事。

虛構獲利增加的方法是建立在兩個大前提之下，一個是讓營業額看似提高，另一個是讓費用看似減少。這兩種手段世界通訊公司都有採用，其中又以違法造假的方式將費用減少最為嚴重。違法炒作的資金中，有79.2%是「線路成本*[1]」。對於世界通訊公司來說，線路成本占了所有費用的一半以上。

一般操作線路成本的方式，本來應該要將作為費用的線路成本計入資產。具體來說，就是將其他公司的通訊基礎設施的部分租賃費用計入固定資產*[2]。換言之，它利用的是減少實際應該計入線路成本的部分，**通過降低費用來增加利潤**，這就是世界通訊公司會計造假手段的一大特徵。

就在同一個時期，其他公司也發生了這種會計造假行為，人們認為「這並非單一企業的問題，而是整個美國的問題」；為了避免再度發生類似的造假行為，於是制定SOX法案來因應。

雖然這裡列舉世界通訊公司的例子，但會計造假並不是單一企業的問題，而是全世界都會面臨到的共同問題，就算到了現在，這種情況仍有可能發生。然而，只要觀察財務三表的關聯，會計造假就無所遁形。這件事也意味著會計結構有多麼地完善。

＊1　線路成本是指從發信地到接收地傳輸語音通話或數據通訊時所需的費用。世界通訊雖為通訊業者，但這家公司並不具備提供通訊的所有基礎設施，而是利用租借其他公司的基礎設施，將通訊網路連接到自家公司的基礎設施無法傳輸到的地區，藉由這樣的方式來擴大使用者。而租用非自家公司的線路所產生的租賃費用，就是線路成本。

＊2　世界通訊從1999年到2000年這段期間，頻頻對基礎設施設備和網路設備長期租賃。這導致出現設備過剩的問題，繼續支付未使用的網路設備等租賃費用也成為公司的一大負擔。於是，公司基於「租賃契約等產生的過剩設備，在未來創造收益而使用設備之前，設備所需的花費不應該視為費用」這項主張，因此將其認列為固定資產，從而導致費用減少，結果讓利潤虛增。

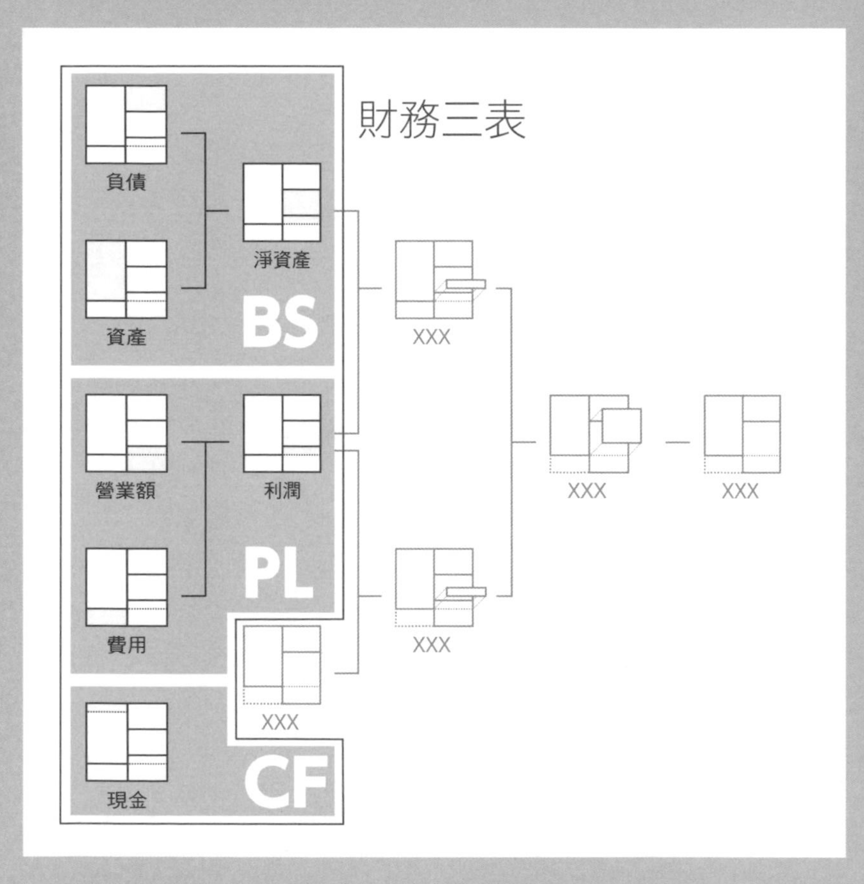

Part 1 至此結束。費盡千辛萬苦才走到這一步，我要向大家說一聲辛苦了。PL、BS和CF，這三張報表統稱財務三表，它對於理解公司資金的流向具有很重要的功能。

從Part 2 開始，我們的觀點將轉變為「從社會的角度看公司」，話題會從小的地方慢慢擴大，希望各位能用輕鬆的心情閱讀下去。

Part

2

公司從社會中得到什麼？

在Part 1介紹過個人眼中的公司資金流動情況。從自己如何提高營業額、降低費用、提高利潤的角度出發，最終得到財務三表。

Part 2我希望從社會的角度來介紹。換言之，就是從「社會如何評價公司？如何看待公司？」的觀點出發。

從社會的角度檢視會計

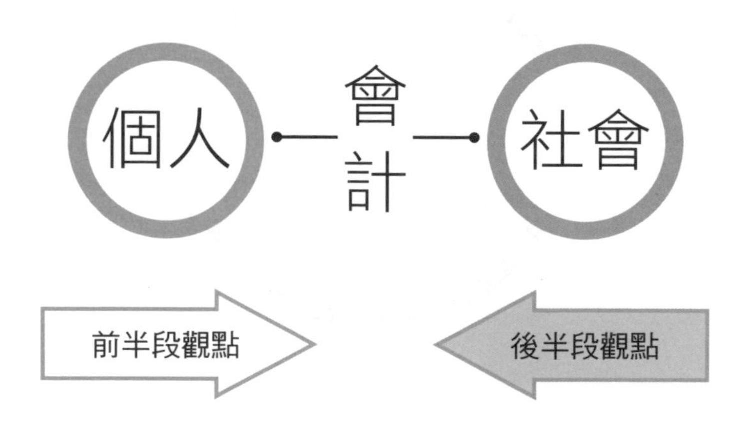

之前都是從貼近個人的觀點來觀察
後面將從社會的角度來檢視

很多人通過工作為公司做出貢獻，公司為社會做出貢獻。即使是沒有在公司工作的人，也會和某些公司進行交易。你和社會之間，免不了會遇到「公司」的介入。

「如何為公司做出貢獻」，最好和「公司如何評價」一起思考。因為做出多少貢獻，就能得到多少的評價。當然，我們從事工作並不是為了要博得好評。但是，如果無法得到一定的評價，就很難在公司繼續工作下去。

個人為公司做出貢獻，博得公司的好評；同樣地，公司也為社會做出貢獻，博得社會的好評。這就意味著，**社會給予公司什麼樣的評價，也關係到公司對個人的評價**。反之，如果社會的評價和公司的評價截然不同的話，也許重新考慮一下在公司的工作會比較好。

隨著時代的變化，社會本身也發生巨大的變化，當然社會對公司的評價也有極大的改變。如果無法跟上這種變化，就不知道我要為公司和社會做出哪些貢獻。

換言之，對於我們而言，**透過瞭解「現在的社會需要哪些東西？」，就能思考「我想從事的工作，社會對於其價值接受的程度」**。

在Part2，我想先從「公司的價值」是什麼開始談起。和Part1一樣，一開始將全部的五個流程彙整在一張圖來解說，後面再逐一針對詳細的流程進行圖解。

利用五個流程來說明

公司的價值

通過為顧客提供價值來取得信用
在這樣的過程中累積的無形價值，將會產生對未來的期待，
成為公司價值的源泉

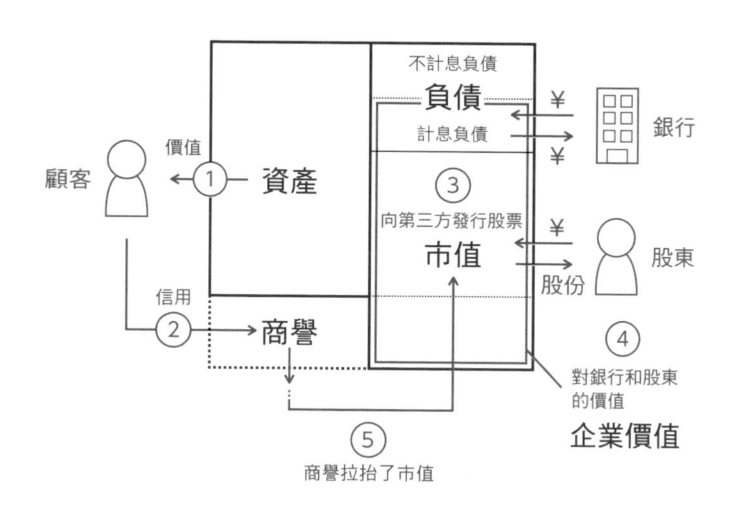

① 向顧客傳遞價值

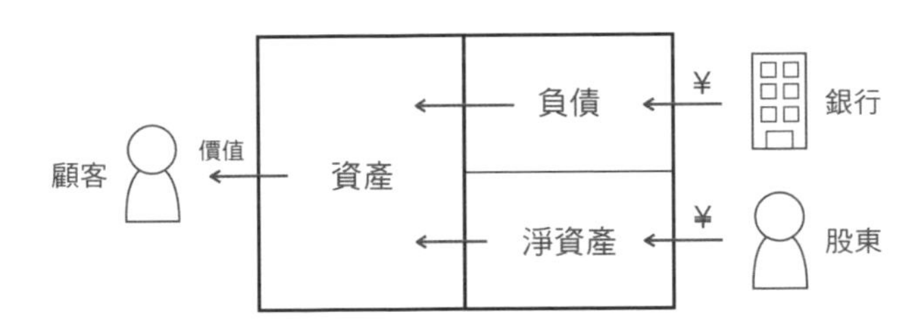

公司從銀行和股東的手上籌措資金
將其化為資產，為顧客提供價值

② 累積品牌力和信用

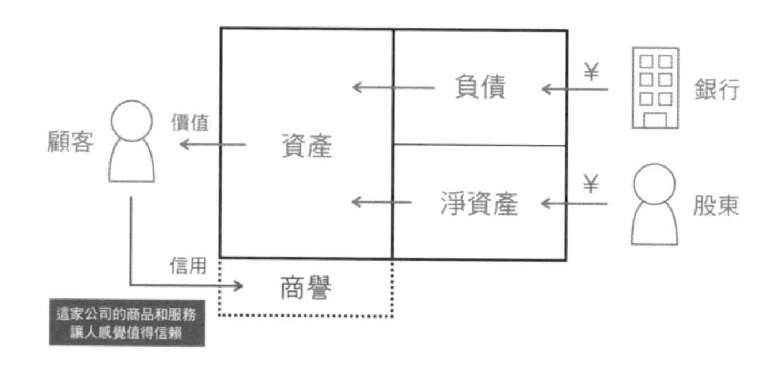

透過為顧客提供價值，
逐步累積品牌力和信用等「商譽」

「商譽」在日語中為門簾的意思，門簾原本是掛在商店門口用來表示商號的布幕，後來演變成會計上表示品牌力、專業知識、信用等無形資產的用語。

這裡的「商譽」在會計上稱為「內部產生之商譽（Internally generated goodwill）」，因為難以用客觀的角度來評價，所以目前不能列入BS（資產負債表）。內部產生之商譽這個詞彙是表示公司相對於其他公司所具備的優越性。

③ 向第三方發行股票

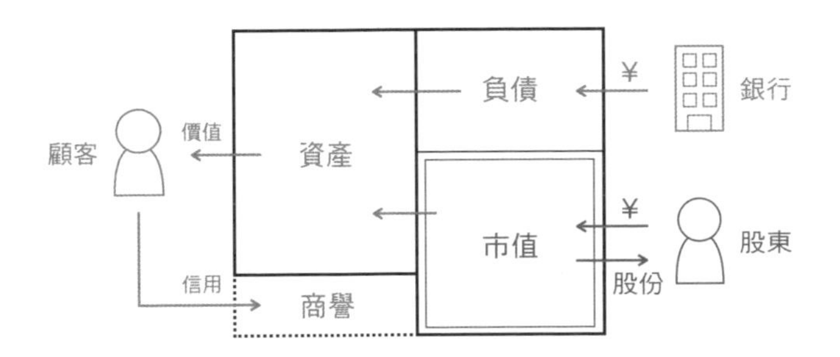

信用和品牌力提高的部分，
可以透過發行股票的方式注入新的資本

上市時，股價乘以股票數得到的「股票市值」往往會超過淨資產
這裡的「商譽」被視為市值減去淨資產後所得到的部分。

公司遭到收購時，收購金額根據協議來決定，此時收購金額和淨資產的差稱為收購之商譽，
於此時列入資產（無形固定資產），在一定期間內提列折舊，不過使用IFRS的企業不會將商譽定期折舊

對銀行和股東的價值

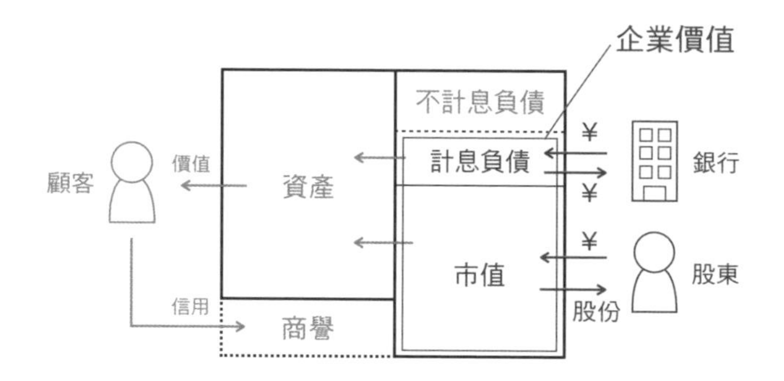

對股東的價值（市值）和對銀行的價值（計息負債），兩者合起來就是「企業價值」

市值就是股東的價值。那麼，計息負債為什麼會包含在「企業價值」中呢？
計息負債對公司來說是債務，對銀行來說卻是可以產生利息的有價資產。
從銀行和股東的立場來看，其價值綜合起來就稱為「企業價值」。

原本計算企業價值有三種方法，但這裡採取的是市場法（Market Approach）

商譽拉抬了市值

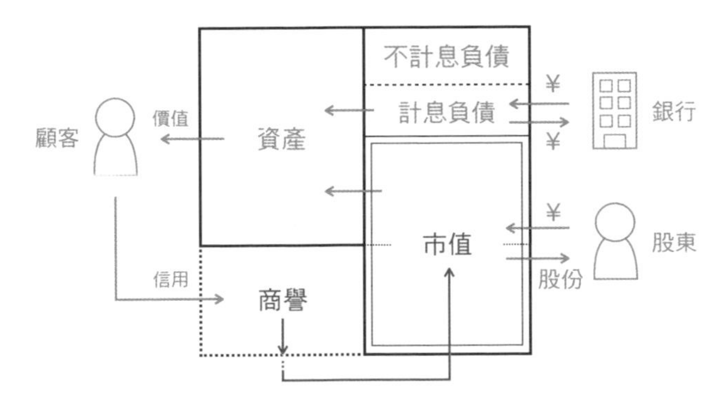

本質上有多少「商譽」會成為社會對公司未來的期待，並反映在市值上面

根據對將來業績的期待和信用的增加而購買股票，使得市值水漲船高。
反之，負面新聞導致信用降低或業績惡化等各種原因，都會造成市值下跌。

累積商譽價值未必會導致市值上升，有時也會出現實際的B／S不理想，
市值卻因為備受期待而上升等情況，可見市值變動的原因五花八門。

一般來説，公司原本的資金提供者是股東和銀行。因此，股東和銀行的價值合在一起，就稱為「企業價值」*。然而，若將企業價值説成是公司價值的全部，可能會讓人覺得有點不太對勁。

因為公司和很多人密不可分，除了顧客和客戶之外，就連地球環境都會受到公司的影響，所以大家都和公司脱不了干係，難道不是嗎？

別害怕誤解，從結論來説，與該公司相關的所有人的心情，這些都會歸結為「商譽」。商譽承載著所有人的心情，這個會計用語包含了顧客想要支持公司、人們認為「公司會提供很棒的商品和美好的體驗」等期待。

相反地，如果公司做出失去信用的行為，商譽就會跌落谷底，結果造成企業價值連帶下降，所以「商譽」對一家公司來説非常重要。Part 2將會針對這個觀念進行説明。

需要説明的單詞只有市值、商譽、PBR、ROE這四個。可能有人會覺得看起來似乎很難，但若具備前面學到的知識，那麼就一定沒問題。

另外，這裡介紹的公司價值圖解，與Part 1的圖解有些相似，不過略有不同。Part 1使用的是合併BS和PL的圖，而Part 2是由BS加上市值的圖所構成。儘管呈現方式不同，但以BS為基礎這一點是共通的。就像硬幣的正反面一樣，我希望讀者能夠從角度稍微不同的示意圖來觀察。

＊追求企業價值的方法有好幾種，這裡列舉的是「市場法」。

＊這裡的企業價值是股東價值和負債價值兩者的總和。對股東來説，理論上的價值就是市值。市值的相關內容將從下一頁開始詳細説明，我們可以根據市值得知「自己購買的股票價格上漲或下跌多少幅度」。此外，負債價值是公司對銀行的價值。也許有人會對於負債為什麼會成為價值感到不可思議，但稍微思考就會明白，從銀行的角度來看，公司的負債就是資產。因為銀行借出去的錢，除了償還的本金之外，還能拿回利息。

12

市值

符合世人期待的價值

什麼是市值？

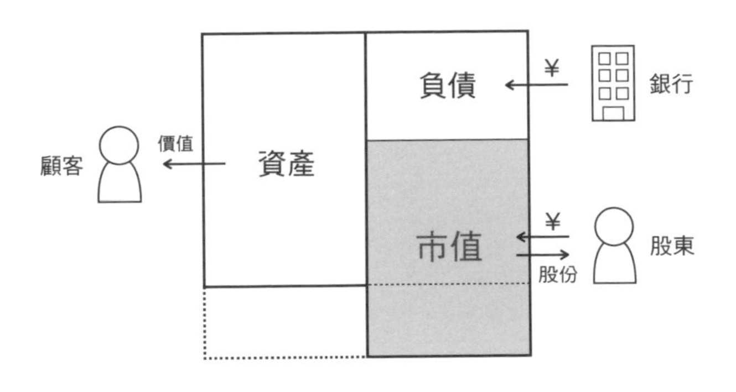

市值是已經發行的股票數量和股價相乘計算出來的價值

市值是用股價乘以股數來計算

換言之可以這樣分解

市值 ＝ 股價 × 股數

每股價格　發行股數

例

一股 100 元，一萬股就是 100 萬元

持有「股份」就成了公司的所有者之一，
具有發表意見及獲得部分利潤的權利

↓

為什麼要購買那家公司的股票？

購買股票的意義

購買股票是因為預期該公司的股價
未來將會上漲

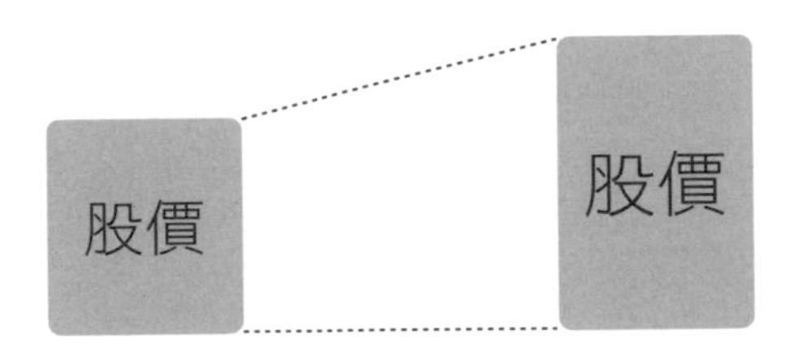

換言之對於公司的業績未來
會持續蒸蒸日上這件事抱有期待
↓
對業績上升抱有期待的依據
從何而來？

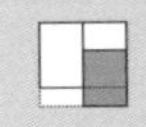

市值

期待的真面目

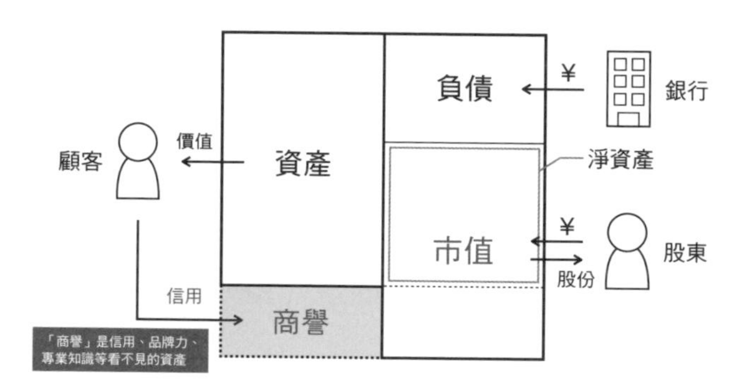

被購買的股票超過持有的淨資產

↓

對於「商譽」這個無形價值的期待上升，
進而拉抬市值

這裡的「商譽」在會計上稱為「內部產生之商譽（Internally generated goodwill）」，因為難以用客觀的角度來評價，所以目前不能列入BS（資產負債表）。內部產生之商譽是反映公司相對於其他公司的優越性的一種說法。不一定是「商譽」的價值增加而使得市值提高，有時候是BS實際上不太理想，但經濟和市場的動向卻造成期待值上升，總之市值變動的原因有很多。

市值是由股價乘以股數計算而來。如果每股100元，持有一萬股，那麼市值就是100萬元。大家購買的股票愈多，股票的價格就愈高。

話說回來，大家為什麼要購買股票呢？

原因當然是為了獲利，所以想為公司提供支援。儘管購買股票的動機和理由五花八門，但大多數人都是因為**「打從心底認為這家公司更有價值」**才購買股票。

舉例來說，如果知道某公司要推出新產品，並認為這項產品將會大受歡迎，那麼該公司的市值就會上升。**該公司的評價提高，人們就會購買它的股票**。換句話說，這代表「世人對於該公司的期待」。反之，一旦發現某公司通過不正當手段增加營業額，市值立刻就會一路狂瀉。**該公司的評價降低，人們就會賣掉它的股票**。

由此可見，對於公司的期待是高是低，是由構成社會的我們每個人的評價來決定。

市值是集合許多人心中的各種期待和心情的結果，未必能夠充分代表「公司的真正價值」。然而，像「群體智慧（Collective intelligence）」這個名詞一樣，如果股票大規模地受到購買，也可以成為決定股票在市場中的價值的一條線索。

在上市公司工作的人，不妨找個機會看看自家公司現在的市值是多少，和自家公司市值差不多的公司有哪些。即使不是在上市公司工作，只要是自己認識的公司，或是客戶的公司上市，這些也可以作為我們的觀察對象。

●市值上升的真正因素

關於圖解只有一點要補充。可能有些人看到圖會覺得不太對勁，因為原本在BS上記載「淨資產」的地方，這裡卻寫成「市值」。

這麼做是有原因的。淨資產是用來表示製作BS時的價格（稱為**「帳面價值（Book Value）」**），而市值是即時變化的價格（稱為**「市場價值（Market Value）」**），兩者都能反映公司的價格。

因此，有時市值會超出或低於該公司原本持有的「淨資產」，而**淨資產和市值之間的差額，就成了名為「商譽」的無形資產**。

「市值」的思考範例

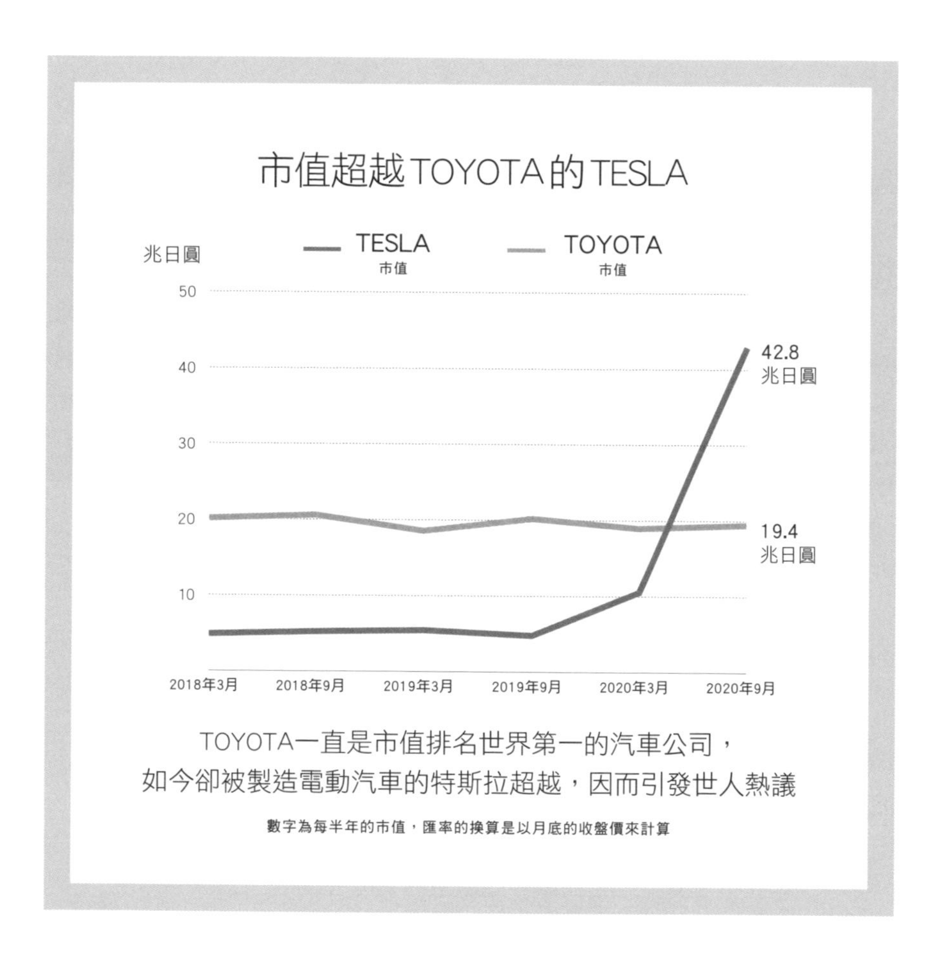

TOYOTA一直是市值排名世界第一的汽車公司，
如今卻被製造電動汽車的特斯拉超越，因而引發世人熱議

數字為每半年的市值，匯率的換算是以月底的收盤價來計算

2020年6月，電動汽車製造商特斯拉的總市值，一舉超越全球最大的汽車製造商豐田汽車公司的總市值，頓時引起社會熱議。豐田汽車創立於1937年，整個集團的汽車銷售數量到了2019年甚至超過1000萬輛以上。

另一方面，特斯拉成立於2003年，至今也不過短短的17年，其2019年的汽車銷售數量只有約36萬輛（連豐田汽車的4%都不到）。儘管如此，特斯拉的市值卻仍超越了豐田汽車。

為何特斯拉能獲得如此高的市值呢？首先是人們對電動汽車市場抱有期待。如今全球的環保問題日益嚴重，人們對於環保的電動汽車需求大增，特斯拉也順勢搭上這股環保的順風車，其中也包括對伊隆・馬斯克這位著名連續創業家的期待。

觀察今後發展趨勢的重點在於，特斯拉的利潤中，有一半是來自銷售「碳排放權」，這是以「排放配額」來規定企業和國家的排碳量的一項制度，如果排碳量超出排放配額的話，就會因此受罰。然而，單憑自家公司來控制排碳量，使其維持在排放配額內是很困難的一件事。

因此，人們設立了「排放權交易」這項制度。排碳量超出排放配額的公司，向實際排碳量低於排放配額的公司購買排碳量，透過這樣的方式增加排放配額，也可以視為該公司減少了排碳。換言之，**排碳量低於排放配額的公司可以藉由出售這項權利來獲利**。

特斯拉是一家電動汽車公司，電動汽車在節能減碳方面本來就比傳統汽車公司更有優勢，因此可以透過這種方式創造新的獲利來源，還可免於受罰。公司剛好適應全球共同面臨的「環保問題」，並且從中創造利潤，或許這一點也成為備受股東期待的材料。

可是，這個市值終究只是根據購買股票的投資人的期待值而定，未必能代表該公司的價值。如此高的評價也有可能就在某一天突然分崩離析。正因為如此，我們不能光看現在的市場價值，更要時時關注今後的變化。

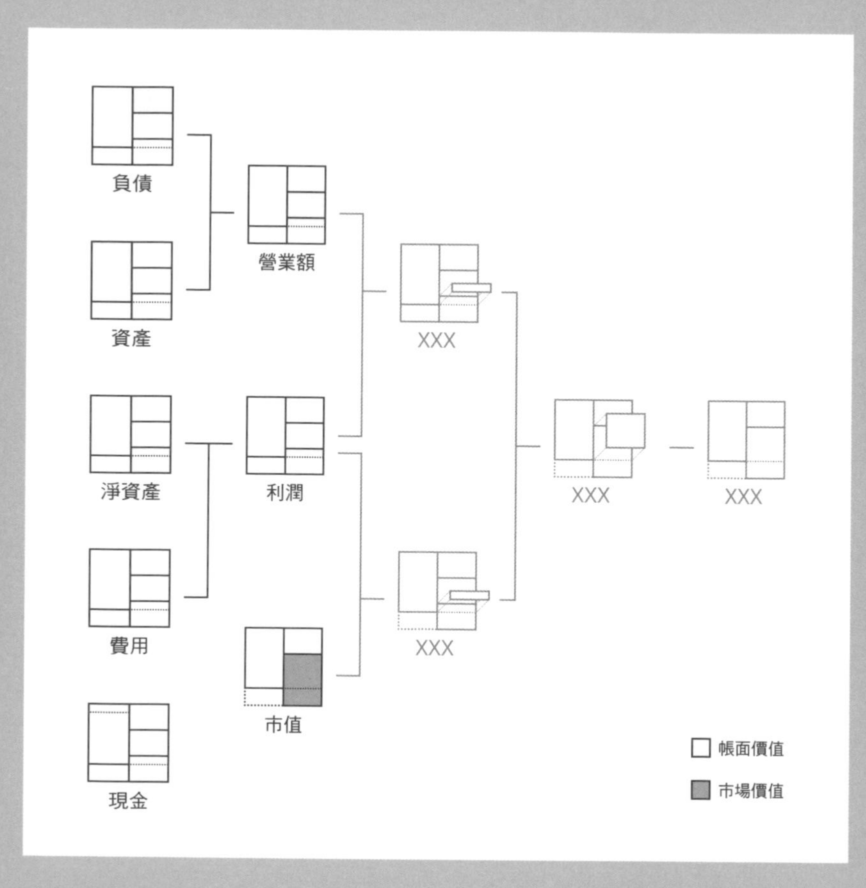

「市值」的部分填上去了。這裡用顏色區分，帳面價值用黃色，市場價值用紫色來表示。即時決定價格的市場價值，會直接受到社會評價的影響。接下來，終於要介紹「商譽」了。這是本書最想傳達的內容之一。

13

商譽

公司的創意和努力所產生的價值本身

什麼是商譽？

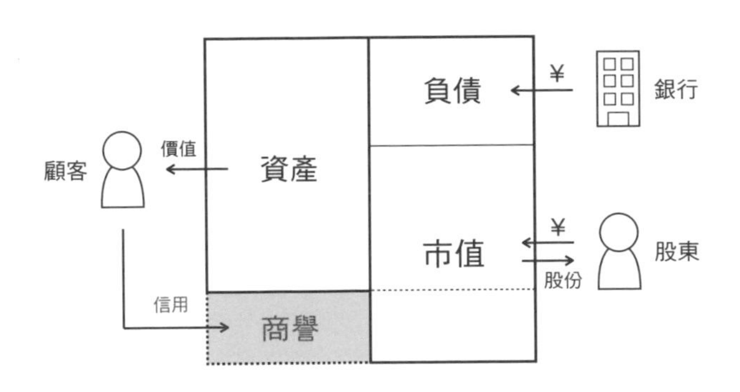

「商譽」是指信用、品牌力、
專業知識等看不見的資產

「商譽」是市值與淨資產的差額

換言之可以這樣分解

商譽 ＝ **市值** － 淨資產

市值：**被購買的股票總額**

淨資產：**公司純粹的資產**

例

假設市值為1兆，若淨資產為7千億，商譽就是3千億

如果市值高於公司純粹的資產，
就會被視為存在著「商譽」

↓

商譽包括哪些內容？

這裡的「商譽」在會計上稱為「內部產生之商譽（Internally generated goodwill）」，
因為難以用客觀的角度來評價，所以目前不能列入BS（資產負債表）。
內部產生之商譽這個詞彙是表示公司相對於其他公司所具備的優越性。

商譽包含各種內容

品牌力	專業知識	品質
銷售網路	創意	戰略
人力資產	地理優勢	管理階層

這些價值並非一朝一夕培養出來，
而是通過努力的經營和創新才能獲得

↓

因為無法衡量個別價值，所以不能列入BS中，
但本質上非常重要

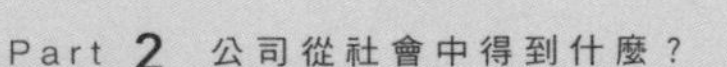

和其他公司比較

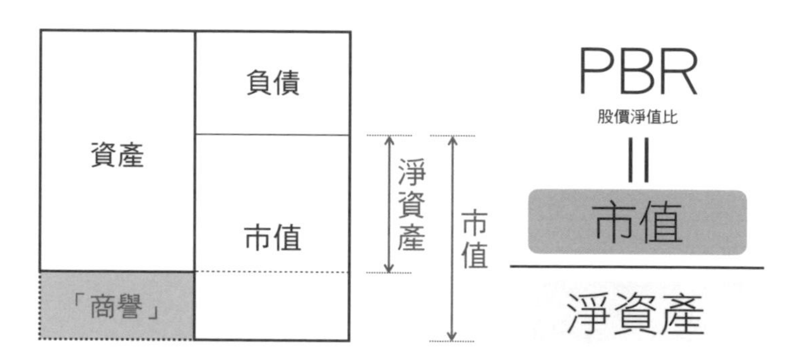

各家公司的規模和行業都各不相同，
因此「商譽」不能單純拿來比較
↓
觀察「PBR」這個用來衡量市值相對於
淨資產有多少的指標

「商譽」這個會計用語，在日語中是根據垂掛在商店門口的「門簾」而來。日本商店的門簾上會描繪公司的品牌或標誌，門簾可說是公司的象徵。

雖然對公司來說，商譽不能計入資產，但它卻包含了該公司的評價。例如，有優秀的經營者帶領公司，又或者這是多年來深受消費者喜愛的品牌。這種看不見的資產就稱為「商譽」，它在創造企業價值的過程中起到非常重要的作用。

商譽的英語為Goodwill，日語則以「信用」來表示。換言之，人們認為「值得信賴的企業」，與品牌的價值聯繫在一起，這些就被視為商譽。

在介紹市值的內容時曾經提到，淨資產和市值的差額就是商譽。商譽與市值連動，市值提高，商譽也會跟著水漲船高。

商譽通常不會記載在BS中，因為會計不能記載無法量化的價值。即便如此，在考慮一家公司價值的時候，商譽依然扮演著非常重要的角色。

●「因為是可口可樂所以購買」的信用成為商譽

商譽之所以重要，是因為它本身就是公司的附加價值。

舉例來說，即使是可口可樂這樣的全球知名品牌，公司通常也不會將這個多年累積的品牌本身記載於BS當中。可是，「可口可樂無人不知」這件事本身就會讓人產生信任和安心，「因為是可口可樂所以購買」的人可以說遍布全世界，這個就是公司的附加價值。

像商譽一樣，若要使公司長遠發展，對社會產生衝擊，創造無形的價值可以說至關重要。

話說回來，為什麼「淨資產與市值的差額」會成為商譽呢？**市值所代表的是「如果收購這家公司，自己成為所有者（股東），需要花多少錢」。**

例如，即使淨資產只有約一億日圓，但如果該公司擁有全球屈指可數的知名品牌，說不定就需要花費十億日圓才能收購。其中，相差的九億日圓就是商譽。

●商譽源自於「個人的創造性」

想要創造商譽，就必須具備有創意的發想。品牌、創意、戰略這些無形的東西，並非花時間就能創造出來，也不是靠金錢就能換來的，需要靠人類「下功夫」才能創造。人類的創造性正是產生商譽的源泉。

從這樣的角度來思考，即使不是公司的經營者，只要是在公司工作的任何人，都可以通過創意和努力，創造出名為商譽的資產。也可以說，企業價值最重要的地方，最需要「創作者」的力量。而且，在財務上也是以這樣的方式處理。

我以前曾經以製作人的身分，負責網站、手機應用程式的企畫和設計工作。我的周遭有不少創意十足的創作者，這群人能夠想出許多新的點子，或者創造新的概念，我總是被他們的工作態度所感動。然而，創作者的創意非但不容易受到著作權的保護，也經常被嚴重低估，實在很難得到超出其原有價值的評價。因此，當我認識到「創作者的本身實力才是深深影響公司價值的關鍵」這個事實的時候，我獲得了極大的勇氣。

只是，商譽是無形的資產，難以獨自將其化為數值。此外，站在投資人的角度來看，假設想要比較總市值一兆日圓和總市值一百億日圓這兩家不同規模的公司商譽時，也難有絕對的標準可供比較。正因為如此，為了從相對的角度來檢視商譽，有一種採用比率的判斷方法。這個指標就是下面要介紹的「PBR」。

「商譽」的思考範例

收購公司後的資金流向呈現何種狀態？

收購之後試著將兩家公司的資產負債表合併成一張表

收購前 → 收購後

資產
負債
市值
內部產生之商譽
A公司（買方）

資產
負債
市值
內部產生之商譽
B公司（賣方）

A公司 資產
A公司 負債
收購金額的
現金
（部分資產）
市值
內部產生之商譽
B公司 資產
B公司 負債
收購金額
花多少錢收購B公司
收購之商譽
（部分資產）
A公司＋B公司
合併兩家公司BS的示意圖

確定收購金額後，淨資產和收購金額的差額就會列入資產

A公司 資產
A公司 負債
B公司 負債
B公司 資產
市值
收購之商譽
（部分資產）
內部產生之商譽
A公司（收購B公司後）

由於使用了與收購金額相當的現金，因此相應的現金減少

合併A公司和B公司的資產＆負債

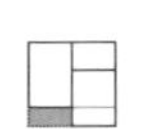

這裡我們透過A公司收購B公司的例子來想像一下商譽會如何變動。完成收購後，兩家公司會合併成一家公司，而兩家公司的BS看起來也像是合在一起。事實上，商譽分為「內部產生之商譽」和「收購之商譽」兩種類型。

前面所介紹的商譽都屬於內部產生之商譽，不會登載在BS上面。由於商譽是從「內部產生」，縱使公司說自己「非常有信用」、「品牌力很強大」，也不具備客觀性，因此不能登載於本應是客觀資料的BS上面。

但是，在公司遭到收購的那一刻起，商譽被搬上了檯面，並成為「收購之商譽」。收購之商譽會列在BS上，因為「包括商譽在內，花多少錢收購公司」，是在買賣雙方都能接受的基礎上決定的。**透過收購，公司的商譽從內部產生之商譽，搖身一變成為收購之商譽。**

公司的收購金額取決於「買方認為該公司具備多少魅力」而定，通常收購金額都會大於賣方的淨資產，因為買方是在認可該公司具備超過淨資產以上的價值後才會進行收購。

從圖的最左邊的BS轉移到正中央的BS時，「市值」被替換為「收購金額」。如果是上市公司，那麼市值就是不特定的多數人購買股票的總金額，而收購金額是特定的人購買股票的金額。儘管用語不同，但這裡有特定和不特定的區別*。

A公司支付收購金額之後，現金就會減少，收購之後花掉現金是理所當然的事。花掉的現金部分使得A公司的BS變小，和B公司的資產結合在一起，就變成最右邊形狀細長的BS。

附帶一提，通常大家都會把商譽想像成「收購之商譽」，而登載於BS上面的數字也是收購之商譽。然而，收購之商譽可以說是「內部產生之商譽的快照」。換言之，**這只是收購時經過評估，將公司累積的內部產生之商譽，變成收購之商譽罷了**。即使沒有記載在BS上，商譽也會在企業內時增時減。也就是說，兩者在本質上並沒有什麼區別。

*嚴格說來，市值只不過是一部分股票的交易價格，也就是股價乘以已發行股票總數計算出來的數字，而收購金額則是實際進行對價交換時的實際金額，這是兩者的不同之處。

【關於第163頁的圖，註釋如下】

＊決定收購價格的做法有好幾種，但未必會與市值一致。

＊內部產生之商譽不會列入資產，收購之商譽是收購金額與淨資產的差額，並列入（無形固定）資產。

＊這個例子是以現金來進行收購，有些公司是通過發行新股票進行交換的方式來達到收購的目的，有些則是結合現金與股票進行交換。

＊會計上，和這個例子相同的只有「合併」的情況，如果是A公司單純從B公司的股東手上購買股份時，兩邊的BS不會合併，取得的B公司股份會列入A公司的資產。

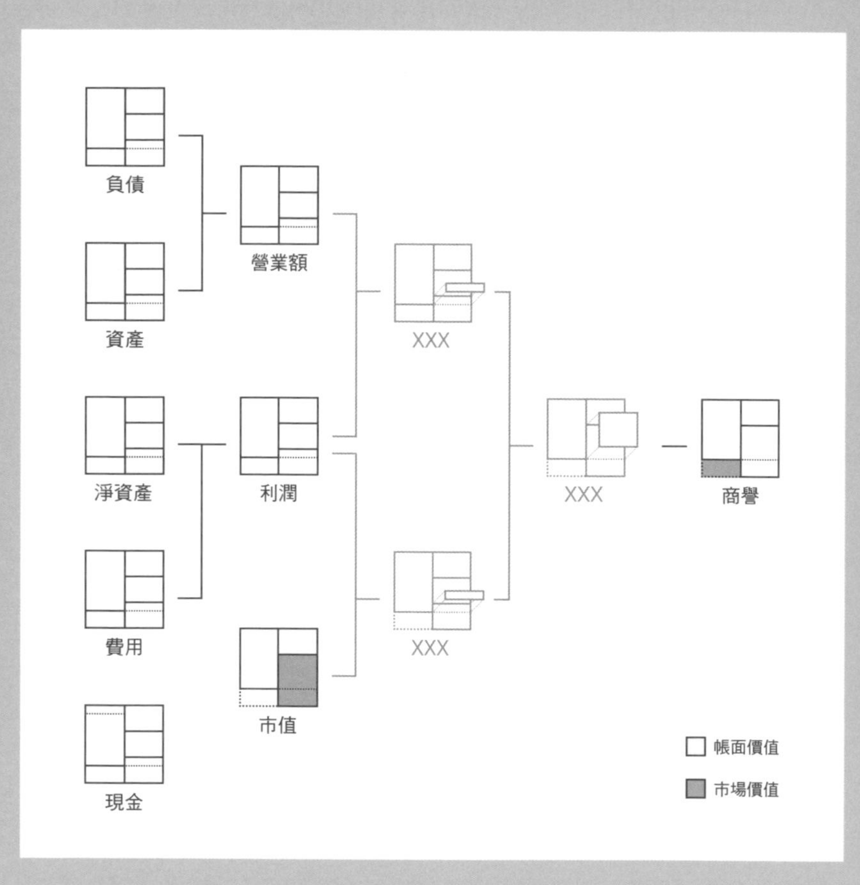

先說結論。地圖的最右邊是「商譽」，從Part 1開始解說的用語，最終都和商譽相連結，這就是會計地圖的結構。

接下來讓我們檢視一下商譽的重要指標「PBR」吧。

14

PBR

表示「創造商譽能力」的指標

什麼是PBR？

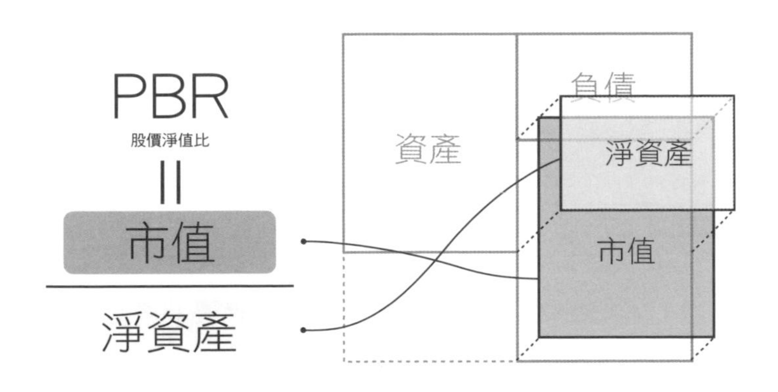

PBR是一種表示相對於淨資產，
市值為多少的指標（比率），
因此可以拿來與其他公司進行比較

PBR為創造「商譽」價值的能力

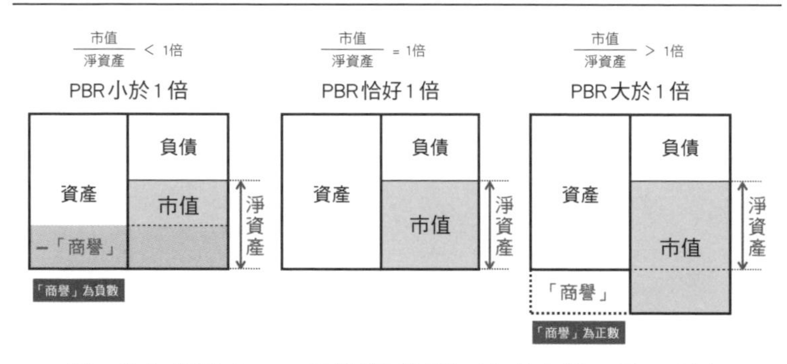

以1倍為標準的PBR可以讓我們知道「商譽」是正是負

倍率愈高，「商譽」愈多

↓

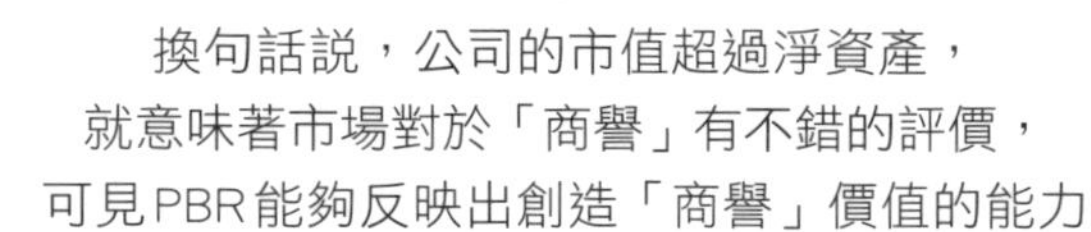

※這裡的「商譽」在會計上是指「內部產生之商譽」，因為沒有記載在BS上，所以用虛線來標示

※市值變動的原因有很多，「商譽」價值的累積未必會導致市值上升，有時也會出現BS實際上不理想，但經濟和市場的動向造成期待值上升等情況

解讀PBR的兩個指標

分解成兩個相乘會更方便

$$PBR = \frac{市值}{淨資產}$$

PER 本益比 / ROE 股東權益報酬率

$$= \frac{市值}{利潤} \times \frac{利潤}{淨資產}$$

與利潤相比，市值有多少？

淨資產能帶來多少利潤？

透過分解得到PER和ROE這兩個不同的指標

這些指標意味著什麼？

※用自有資本作為ROE的分母會比較合適，但這裡為了簡化說明而使用淨資產

14 PBR

能從長期和短期的觀點來檢視

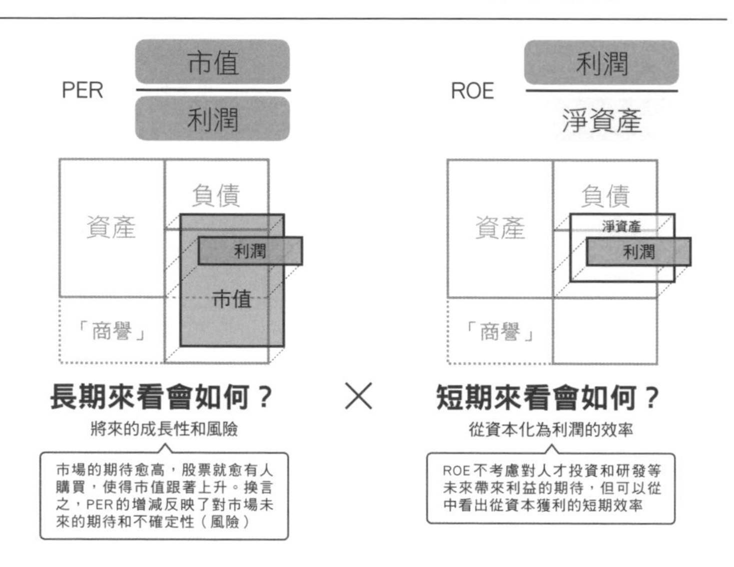

PBR可以利用ROE和PER，分別從短期和長期的觀點來檢視，是一項能夠綜合判斷公司價值的重要指標。

PBR（股價淨值比）是用來**表示「相對於淨資產，市值有多少」的指標**。其全名為「Price Book Ratio」。因為能夠間接呈現「商譽具有多少價值」，也有人說它是衡量公司價值最重要的指標。

●從「短期」和「長期」兩方面來衡量公司的價值

PBR可以分解為「PER」和「ROE」兩個指標。如圖中所示，**ROE是檢視「淨資產能創造多少利潤？」的指標，PER是檢視「將來的成長性和風險如何？」的指標**。

ROE是從短期的角度、PER則是從長期的角度來衡量公司價值的指標。也就是說，**無論從短期或長期的角度來看，這些指標在反映公司的價值上都很重要**。

由這兩項指標構成的PBR，可以說是最能體現公司價值的重要指標。單憑「商譽價值多少」一句話決定金額，實在難以進行比較，但如果有PBR這項指標的話，就能拿來比較。

PBR是以「1倍」或「2倍」等方式來呈現。淨資產和市值若為1比1就是1倍，1比2就是2倍。此外也有不到1倍的情況，「PBR小於1倍」是市值低於淨資產的狀態，換言之，這意味著「商譽為負數」。

●股票投資中的PBR

順帶一提，PBR和PER等指標也經常在股票投資時使用。股票投資方面的說明，與本書中的說明略有不同，這邊針對股票投資的說明補充一點。

舉例來說，當PBR小於1倍時，人們就會認為該公司的股票「很便宜」。換言之，就是判斷為「股價比原本價值便宜」的狀態。然而，這樣的判斷有時正確，有時不正確。

如果PBR變低的原因在於該公司沒有展現出原本的實力，或者沒有向市場充分傳遞該公司的魅力，像這樣的情況或許確實可以說該公司的股價「便宜」也說不定。但是，若如此低的PBR已經是「合理的評價」，那麼就不能因為數字偏低就認為股價便宜。

總之，PBR和PER都是用來判斷「股票投資市場中的相對便宜性」的指標。當然這些並非錯誤的觀點，然而，這很容易產生「PBR偏低代表公司價值不高」這樣的誤解。

本書想要強調的觀點是，PBR是一種從長期和短期兩方面來衡量公司的綜合性及本質性的指標，可以說它充分反映了「創造商譽的能力」。

想當然，PBR並非各方面都能面面俱到的萬能指標。它終究只是一項指標，公司的價值不可能僅憑這項指標來衡量。重要的是，**公司努力增加商譽，使商譽得到社會的評價，其結果就會反映在PBR上**。

由於PBR是一種非常抽象的概念，若想讓公司中的一名商務人士為了給PBR的數值帶來正面影響而採取一些行動，這麼做實在有點強人所難。要開口說出「明天開始就這麼做吧」之類的話也不容易。

但大家別忘了，PBR也可以「分解」。像之前學過的那樣，通過分解，就能夠具體地思考原因和措施。因此，接下來讓我們思考提高PBR的概念，也就是「ROE」。

「PBR」的思考範例

怎麼做能夠提高PBR？

怎麼做能夠使PBR在幾年後提高多少？
針對大型製藥公司衛采進行調查。

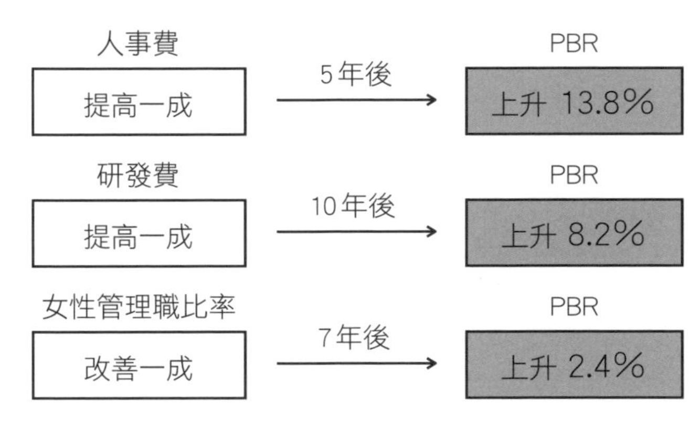

採取左邊這些措施之後，PBR在幾年後都有所上升。上升的數字相當於企業價值增加約500億～3000億日圓。

怎麼做能夠提高公司的PBR呢？PBR可以分解成ROE和PER這兩項指標。ROE可以通過提高利潤來改善，但PER必須提高「對將來的期待」。也就是說，想要提高PER，比起短期的措施，長期的努力相較之下更顯重要。

然而，由於並沒有可以檢視長期措施直接關係到公司價值的數據，因此PBR一直難以獲得具體的進展。

在這樣的情況下，大型製藥公司衛采株式會社針對「怎麼做能夠讓PBR上升多少」進行獨立調查。透過對長期的努力進行分析，針對某些措施對於企業價值是否有所貢獻進行實證研究，並用數字來呈現。

將研究內容進行歸納，結果如下。

- 人事費投入如果增加一成，五年後的PBR就會提升13.8%
- 研發投資如果增加一成，十年後的PER就會擴大8.2%
- 女性管理職的比例如果改善一成（例如：從8%增加為8.8%），七年後的PBR就會上升2.4%
- 育兒時短勤務制度的利用者如果增加一成，九年後的PBR就會提升3.3%

每項措施的效果都經過5～10年的時間逐漸深化，從而創造出規模高達約500億～3000億日圓的企業價值。

當然，這只是衛采這家公司實施措施的結果視覺圖，未必能夠適用於所有企業。然而，通過進行這類實證實驗，不斷累積數據，也許可以幫助我們瞭解「雖然財務報表上沒有記載，卻對整個社會帶來正面影響」的想法，與公司價值本身有什麼樣的直接聯繫。為了使公司具備有助於促進社會發展的友善環境，我想對這樣的研究表達支持。

（參考資料）衛采株式會社「整合報告書2020」
https://www.eisai.co.jp/ir/library/annual/pdf/pdf2020ir.pdf

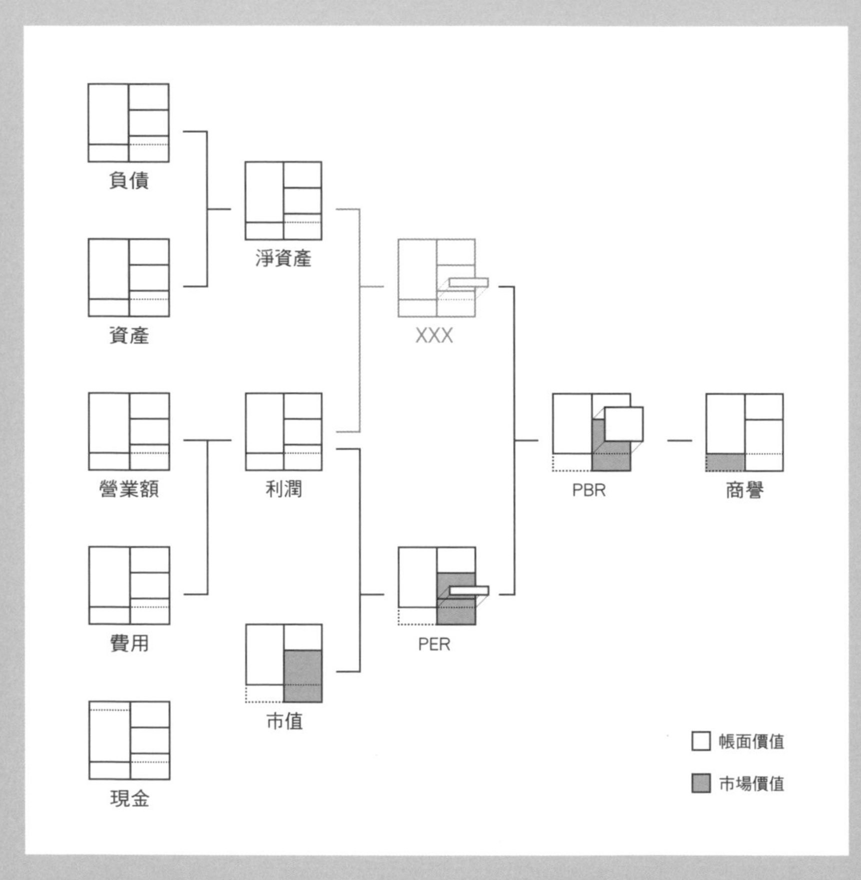

「PBR」和「PER」的部分填上去了，只剩下最後一個項目。介紹完PBR的說明中曾經出現過、連結淨資產和利潤的「ROE」後，這張地圖就完成了。都來到這一步了，讓我們做最後衝刺，將剩下的內容看完。

ROE

綜合呈現「能賺取多少利潤」的指標

什麼是ROE？

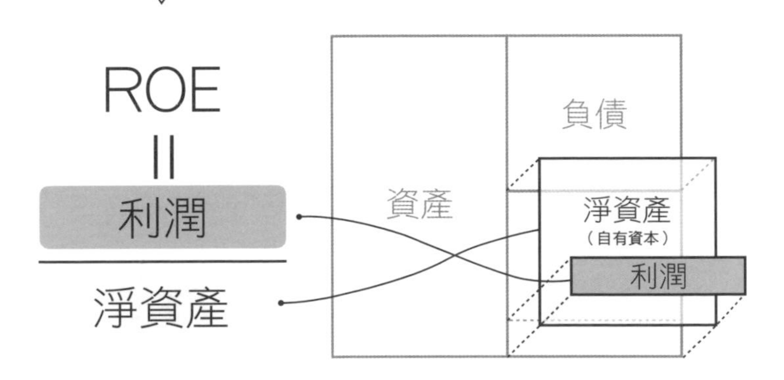

表示使用淨資產（自有資本）能賺取多少利潤的指標，是非常簡單的除法

※用自有資本作為ROE的分母會比較合適，但這裡為了簡化說明而使用淨資產

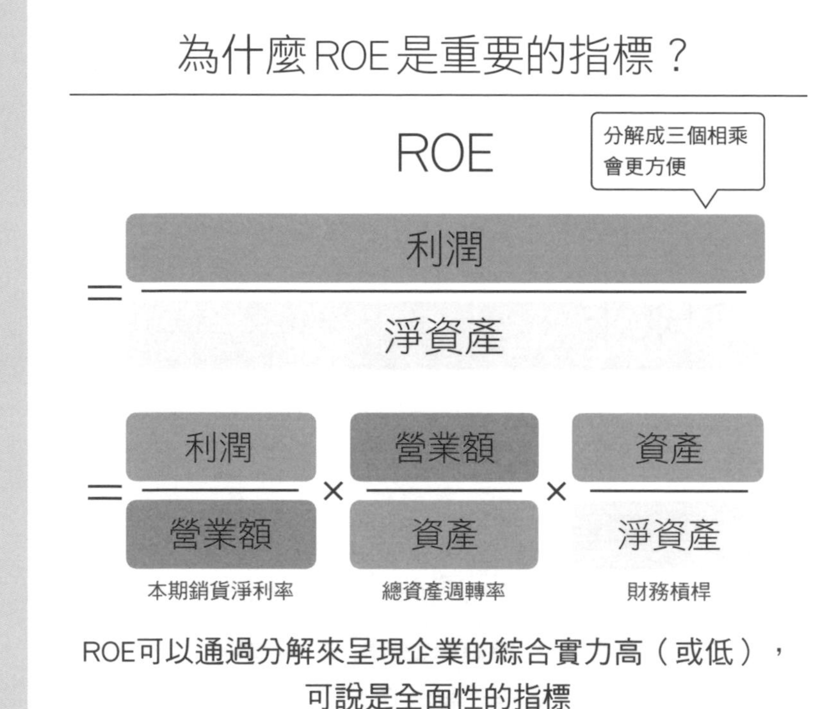
為什麼ROE是重要的指標？
ROE
分解成三個相乘
會更方便
＝利潤／淨資產
＝利潤／營業額 × 營業額／資產 × 資產／淨資產
本期銷貨淨利率
總資產週轉率
財務槓桿
ROE可以通過分解來呈現企業的綜合實力高（或低），
可說是全面性的指標

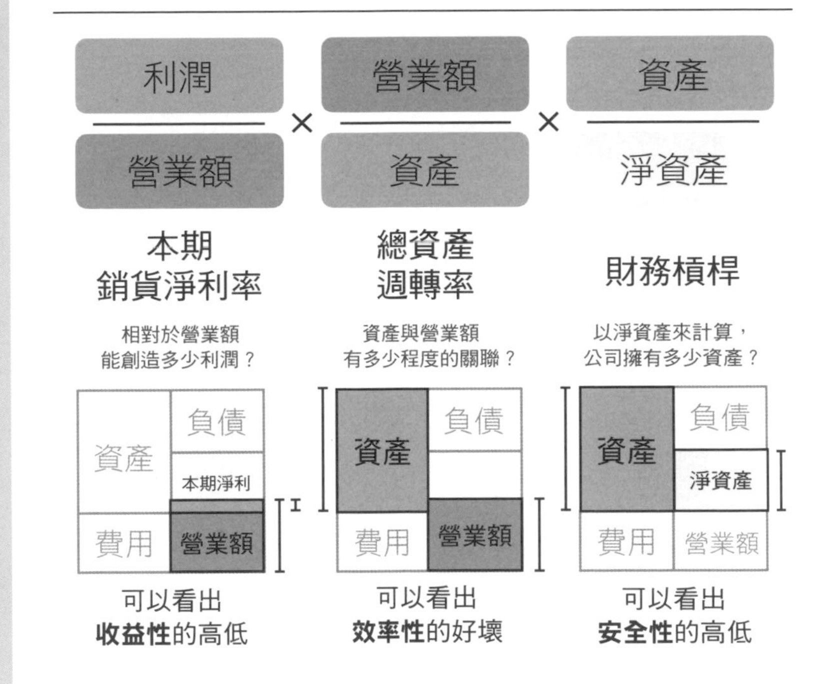
可以衡量收益性、效率性和安全性
利潤
營業額
×
營業額
資產
×
資產
淨資產
本期
銷貨淨利率
總資產
週轉率
財務槓桿
相對於營業額
能創造多少利潤？
資產與營業額
有多少程度的關聯？
以淨資產來計算，
公司擁有多少資產？
資產
負債
本期淨利
費用
營業額
資產
負債
費用
營業額
資產
負債
淨資產
費用
營業額
可以看出
收益性的高低
可以看出
效率性的好壞
可以看出
安全性的高低

15 ROE

為什麼可以用財務槓桿來衡量安全性？

試著提高財務槓桿

$$\frac{資產}{淨資產}$$

1. 提高分子
2. 降低分母

只有這兩種方法

也就是說

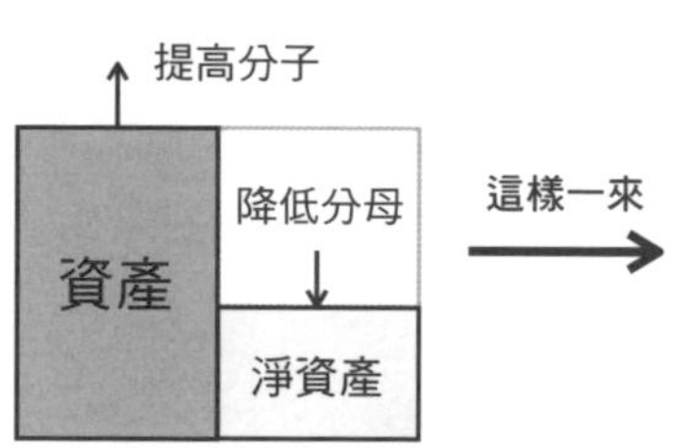

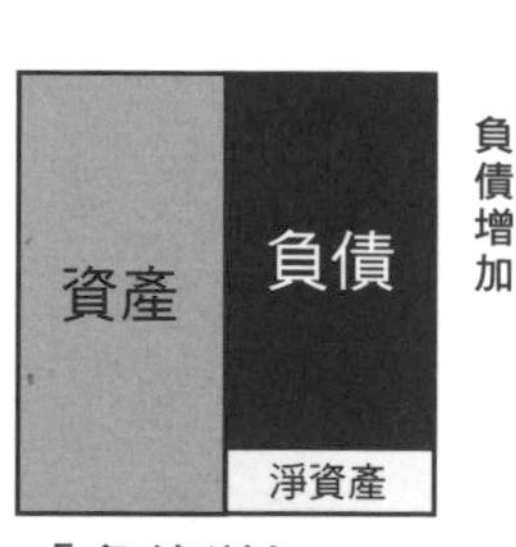

原理是「財務槓桿變高」＝「負債增加」→「安全性下降」，因此財務槓桿是衡量安全性的指標

ROE（股東權益報酬率）是反映「相對於淨資產，能夠賺取多少利潤？」的指標。ROE是英語Return On Equity的縮寫。像這種用三個字母的縮寫方式在商業領域中很常見到，其中ROE更是經常出現的用語。

● 公司受到評價的概念也是由財務三表構成

2014年經濟產業省發布了一篇名為伊藤報告*的報告書，成為日本開始關注ROE的契機。這是對「日本企業為什麼在國際上的競爭力不佳」的分析，因而引起廣泛重視。這篇分析中提到**「企業的最低ROE起碼要達到8%以上」**。

上市企業的經營者尤其在意「ROE8%」這個數字。ROE的分母是淨資產，因此又被稱為股東專用的指標。也就是說，伊藤報告中建議「要為股東創造8%以上的業績」。

當時的我對於重視ROE的建言有種不協調的感覺。因為股東畢竟只是企業的權益人之一，企業在進行經營活動時不會只看股東的臉色。然而，隨著瞭解企業和PBR之間的聯繫，我總算明白**衡量短期的企業價值時，ROE是非常有效的一項指標**。

如圖所示，ROE可以分解為三個部分。這些分別是衡量收益性、效率性、安全性的指標，結構可以說非常完善。美國的化工公司杜邦（DuPont）首創的經營分析方法在全球廣為流傳，因此也被稱為「杜邦分析法」。

例如軟銀這家企業就是以ROE極高著稱。軟銀的ROE之所以會如此之高，原因之一就在於這家企業憑藉著積極貸款和承擔風險，拉高了「財務槓桿」。通過分解ROE，就能看出這類公司的特徵。

分解ROE得到的本期銷貨淨利率，是用「利潤」除以「營業額」計算出來的。總資產週轉率是用「營業額」除以「資產」。財務槓桿是用「資產」除以「淨資產」。經過分解之後，就會明白這是在Part 1中學到的用語所組成的指標。也就是說，在Part 1學到的**財務三表相關的會計用語中，可以發現一些受到社會評價的重要概念**。

＊伊藤報告是當時的一橋大學教授伊藤邦雄擔任經濟產業省主席時提出「『持續成長的競爭力和激勵機制～構築企業和投資人之間的理想關係』專案」的最終報告書通稱。

「ROE」的思考範例

軟銀的ROE偏高的原因

	ROE		本期銷貨淨利率		總資產週轉率		財務槓桿
軟銀	47.3 %	=	9.7 %	×	0.5 次	×	9.8 倍
NTT docomo	11.3 %	=	12.7 %	×	0.6 次	×	1.4 倍
KDDI	14.6 %	=	12.2 %	×	0.5 次	×	2.2 倍

參照各公司2020年3月期決算

試著分解日本三大電信公司的ROE，
可以發現只有軟銀一枝獨秀，
尤其財務槓桿更是高上一大截

試著比較一下各個電信公司的ROE。軟銀為47.3%，NTT docomo為11.3%，KDDI為14.6%。軟銀遠比其他兩家電信公司還要高。為什麼只有軟銀的ROE會那麼高呢？

我們只要試著分解就能明白。

ROE可以分解為三個指標，分別是本期銷貨淨利率、總資產週轉率、財務槓桿，在這三個指標當中，軟銀的「財務槓桿」非常高。從負債的部分可以看出，軟銀的負債比率遠遠高於其他兩家公司。這個例子告訴我們「負債愈大，ROE愈容易變高」。

反過來說，ROE這個指標也能刻意操作。因為只要增加負債，也就是降低淨資產的比率，ROE就會增加。

因此，除了觀察ROE之外，近年來還有一個名為ROIC*的指標也受到關注。ROIC用來表示「企業使用為事業活動所投入的資金，能夠創造出多少利潤」的指標。它是以利潤作為分子，計息負債加上淨資產作為分母來進行計算。分母代表的意義是企業在事業活動上籌措了多少資金。

另外，不計息負債和應付帳款一樣，都是在開展事業的過程中自然產生，因此這裡不予考慮。

ROIC的特點在於不能通過增加負債來操作財務槓桿，所以是公認相當有用的指標。然而，理解ROIC是一件不容易的事，難以傳達給第一線的人員，所以要作為指標來使用的門檻很高。

我並不是想在這裡要大家理解ROIC的內容。我想告訴各位的是，無論是ROE或ROIC，**「都不是單一的萬能指標」**。重點在於，理解對指標有什麼樣的觀點，在這樣的基礎上適當地分別使用指標。

* ROIC稱為投入資本報酬率，為英語Return on Invested Capital的縮寫。

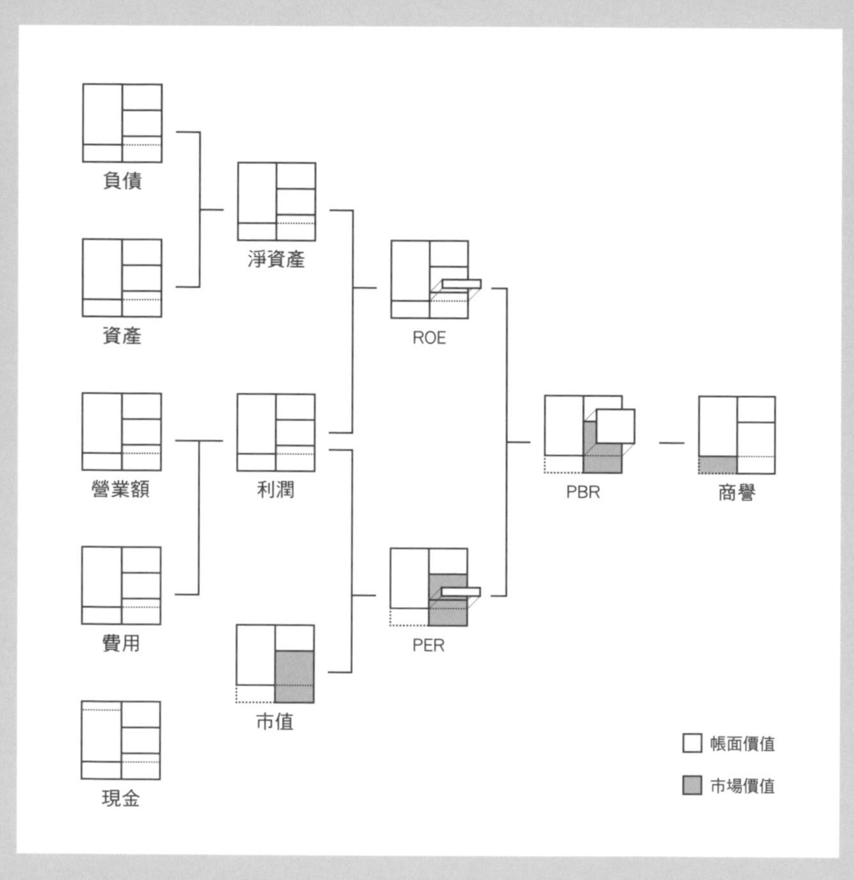

這樣一來地圖就全部填滿了！大家辛苦了。回想起一開始的「營業額」，我感覺走到這一步的旅程非常漫長。這張地圖也可以說是一張畫出通往「商譽」的路徑圖。公司的價值乍看之下似乎很複雜，但從這張地圖可以看出，它其實是由少數的概念組合而成。最後的Part3將會綜合Part1和Part2的觀點，告訴大家個人能為社會做出什麼貢獻。

Part

3

個人能為社會做出什麼貢獻？

前面已經介紹過15個與會計相關的用語。同時也說明了每個用語在整體「會計地圖」中的位置及相互的聯繫。
在Part3中，我想結合Part1和Part2的內容，就今後的時代、公司需要追求哪些事物、個人應該怎麼做等有關未來的話題進行討論。

●會計是觀察社會的透鏡

會計是用來觀察社會的透鏡。通過會計來觀察社會，就能更清楚地看見眼前的工作與社會有著什麼樣的聯繫。

或許有人會說「不對，學會計是為了工作方便吧」，或者「不就是為了習得一技之長來提升加薪的機會嗎」。不可否認也有這樣的成分在裡面，但學習會計的本質意義並不在此。

營業額減去費用就是利潤。利潤與ROE相關，最終連結到商譽。如果能夠想像公司的資金流向連結至社會的形象，就會感覺金錢就像生物一般，如同整個社會的血液一樣生生不息地流動著。一般而言，會計用語多半都是個別學習含義，很少有人會俯瞰和意識到它們彼此之間的聯繫。這就是我為何會製作「會計地圖」，並撰寫本書的原因。

也許有人會認為，「用不著做到這種程度吧，這也太誇張了，只要能提高目前的營業額不就好了」。的確，如果是以前的話，有些人只會盲目地追求眼前的數字。

未來的社會將出現劇烈變化。我們不應該一味地追求眼前的數字，而是要先理解數字背後的含義，在這樣的基礎上去瞭解社會是如何變化的。

●ESG投資的潮流

「ESG投資」是當前值得關注的社會潮流之一。ESG是取環境（Environmental）、社會（Social）、企業管理（Governance）的字母而來，簡單來說，就是以「重視地球環境和人類生存的社會，對於能夠建立重視這些方面的體制的公司進行投資」為宗旨的投資觀點。

最初是聯合國在2006年提出PRI（責任投資原則）呼籲大眾進行ESG投資，才開始受到全球注目。在日本，年金保險費規模超過150兆日圓的GPIF（Government Pension Investment Fund，日本政府退休金投資基金）也於2015年簽署PRI，開始在ESG的投資上挹注大量資源。

像GPIF這樣的機構投資人為什麼要進行ESG投資呢？因為他們進行的是「年金」這種跨世代的超長期投資，需要的不是短期利益，而是長期利益。

換句話說，GPIF的眼光是放在長期獲利，與其押注在幾家公司的股價漲跌，降低整體經濟的風險對他們來說更為重要。因此，會進行ESG這種考慮到巨大風險的投資，也是情有可原的。如果各位想深入瞭解這方面的內容，可以試著搜尋「ESG圖解」，這樣應該可以在網路上找到筆者製作的圖解供大家參考。

此外，這個話題並非只和投資人有關。透過像GPIF這種運用龐大資金的機構投資人進行ESG投資，負責處理來自這些投資人手上的資金的公司，在從事經營時也必須考慮到ESG的管理。

說得極端一點，沒有保持ESG意識的公司將會逐漸遭到社會淘汰。換言之，**從今以後，任何一家公司在經營時都不能忽視ESG的管理**。

倘若意識到ESG，就不能一味地追求營業額。如果公司是以犧牲環境和社會的方式來生產廉價的商品，那麼總有一天就會遭到大眾批判，從而降低商譽所帶來的無形價值，最終導致企業價值下跌。這樣一來，不但會失去投資的吸引力，也無法生產新的商品，最終營業額也會從此一蹶不振。

話雖如此，但如果過於在意ESG，優先進行對環境和社會有利的長期投資，而忽視眼前的營業額和利潤，這樣的話不僅會付不出員工的薪水，也無法進行新的投資，導致公司經營陷入困境。

換句話說，我們也要重視這方面的平衡，必須同時考慮到提高利潤和增加商譽兩個方面。這個問題不單只有經營者需要思考，每個員工都必須理解公司資金流動的全貌，並將這樣的認知連結至行動上。

● 兼顧社會性和經濟性的「創造性」

不僅追求眼前的營業額和利潤，還要像ESG一樣同時考慮到環境和社會。也就是說，要**同時實現社會和經濟方面的效益**。

這兩個方面在性質上很容易成為相反的概念。兩者原本並非對立的概念，但有的時候就是會重視經濟性而犧牲社會性，有的時候則重視社會性而犧牲經濟性。舉例來說，重視經濟性的公司，為了降低成本，使用對環境影響較大的資源；重視社會性的公司，從事援助貧困人口的活動，卻很難從中創造利潤，像這樣的情況就有可能發生。為了超越這種二元對立，我們還有一個值得深思的重點。

這個重點就是「創造性」。可能有人會說會計哪需要談到什麼創造性，但我是真心這麼想的。

如Part 2所述，社會評價一家公司的時候，「無形的價值」才是最重要的。Part 1提到的**有形資產是「金錢本身」和「知道可以變成金錢的東西」，換言之，這只是在經濟合理性中被衡量的價值。**另一方面，包含在商譽中的無形資產，就是所謂「不知道能不能變成金錢的東西」。

沒有列在BS上的品牌、信用、資源這些資產，不是一朝一夕，也不是花錢就能輕易得到的。需要在創意上下足功夫，誠摯地接待客人，向世人展示公司的社會立場，或者技術上的新穎性，這些都需要具備創造性。

●無形的價值將創造今後的時代

全世界對「無形資產」的投資正在持續增加。全球總市值排名頂尖的企業，幾乎就有如無形資產的集合。實際上，美國企業所擁有的有形資產和無形資產的比例正在逆轉。

觀察美國S & P500中的大型企業市場價值的細項，可以看見是以有形資產來衡量企業的價值，但隨著時代變遷，人們對無形資產的評價逐漸提高，這堪稱是價值的一大轉換。

美國S&P500中無形資產占市場價值的比例

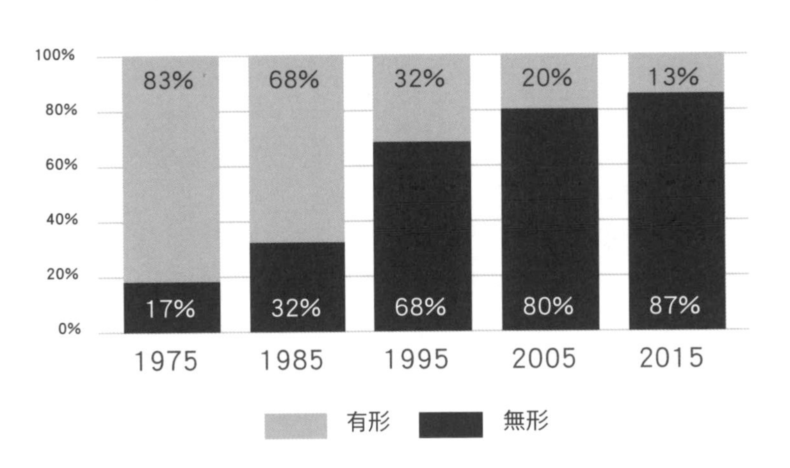

如今已是無形資產愈來愈有價值的時代

＊參照經濟產業省「伊藤報告2.0」

前面說過很多次，無形的資產非常重視創新。金錢可以買到的東西只要掏錢出來就可以解決，但想塑造信用、品牌、智慧財產等無形的價值，創造力絕對不可或缺。

換句話說，今後的社會對於創造性如饑如渴。

不用說，經濟合理性非常重要，因為公司不賺錢就無法持續經營。可是，比起經濟合理性，現在更需要的是創造性和社會性。

●日本公司受到「過低評價」

前面第181頁所提到的伊藤報告，經濟產業省於2017年再度以「伊藤報告2.0」的名義發表。其中有段「將PBR（參照第167頁）提升一倍以上非常重要」的主旨內容。可是**根據日本的現狀，PBR不到一倍的公司幾乎占了一半以上**。我第一次知道這件事情的時候，內心受到了很大的衝擊。PBR不到一倍也就意味著企業的市值小於淨資產。也就是說，**市場對於日本大部分公司的評價，都不及這些公司持有的淨資產**。

為什麼日本企業不被市場看好？為何PBR會那麼低呢？儘管有各種不同的觀點，但最大的主要原因之一，其實在於日本企業缺乏創造商譽的能力。創造商譽的能力需要透過創造性才能發揮出來。

但從另一面角度來看，**PBR偏低就意味著還有很大的空間可以充分發揮創造性**。如何才能創造出更多無形的價值，創造出商譽的價值，讓公司為社會做出貢獻，我希望閱讀本書的讀者可以和我一起思考看看。

●面對變化劇烈的時代，「創造性」才是關鍵

除了ESG之外，像是DX（Digital Transformation，數位化轉型）或SX（Sustainability Transformation，永續轉型）等，在這波時代急劇變化的浪潮中，有很多公司都在探索這類新的商業模式。

以往的做法和觀念已不再適用，變化日新月異。身處在這個時代，我們必須不斷地重複快速嘗試、挑戰失敗、快速調整等過程，即時更新自身的價值觀，以最快的速度推動各種事物才行。為了因應變化，必須對時代和課題有所認知，更要具備能夠迅速做出反應的過人創造力。

培養創造性的方法「悖論結構」

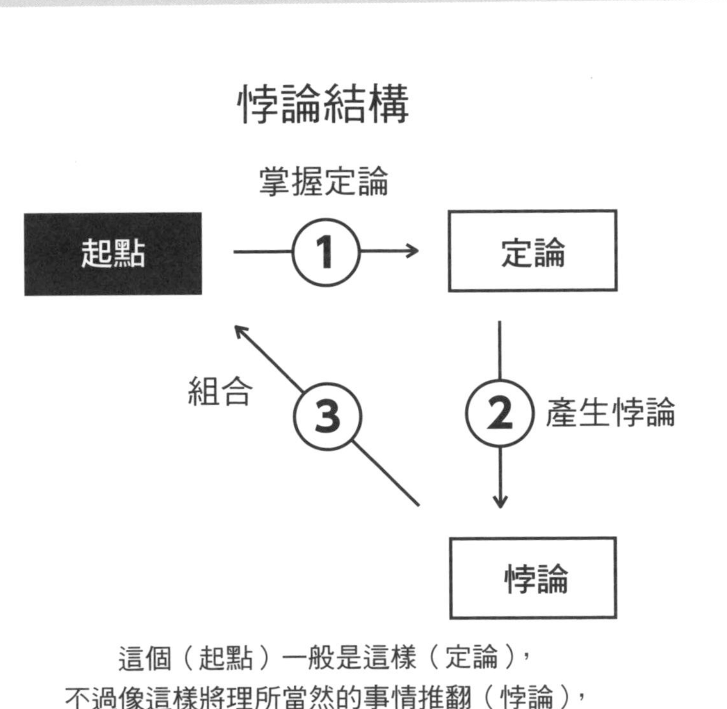

在這裡，我想向大家介紹我自創用來培養創造性的框架，我將這個觀點稱之為**「悖論結構」**。

悖論結構是思考「如何顛覆理所當然的事」的框架，由「起點」、「定論」和「悖論」這三個箱子組成。

起點中加入「思考領域的主題」。

定論中加入「對於起點進行理所當然的常識性思考」。

在悖論中寫上「違背定論的概念」。

舉例來說，套用第154頁介紹的特斯拉商業模式，起點是「汽車製造商」，定論是「靠汽車獲利」，悖論是「靠汽車以外的事物（排放權交易）獲利」。

「悖論」推翻「定論」的程度愈強，可以說愈具有創造性。要顛覆理所當然的觀念是非常不容易的一件事，因為能夠立刻想到的點子，不是別人已經實現過，就是別人早就想過卻沒能實現，

所以第一步，我們要從發現任何人都認為「無法顛覆」的定論開始。如果能夠將其顛覆，那麼這個悖論必然會帶來極大的衝擊，通過實現而形成話題，並受到社會上的好評和期待，從而成為無形的價值。

思考悖論時必須注意**「定論會隨著時代而變化」**。即使某個時期的悖論被視為激進的觀點，但是隨著時代發展而成為理所當然的事，那麼它也會成為定論。

舉例來說，現今人類的主要交通工具從馬變成了汽車，這是因為古時候「必須靠馬來移動」的定論，如今轉向為「必須靠汽車來移動」的悖論。如果未來無人駕駛的夢想成真的話，那麼「汽車必須靠人類來駕駛」這個定論，就會轉向為「汽車可以自動駕駛」這個悖論。

定論相當於把那個時代的「理所當然」化為語言的作業。愈是理所當然的事，就愈難以將其推翻並創造出悖論。然而，迄今為止，人類在捕捉不斷變化的定論的同時，也創造出新的悖論。

「未來需要什麼樣的悖論？」

這必須同時兼顧社會性和經濟性，為了克服兼具兩者的困難，最好的方式就是要具備創造悖論的思考方式。

TESLA

通過保護環境，
讓其他製造商也跟著獲利的
電動汽車製造商

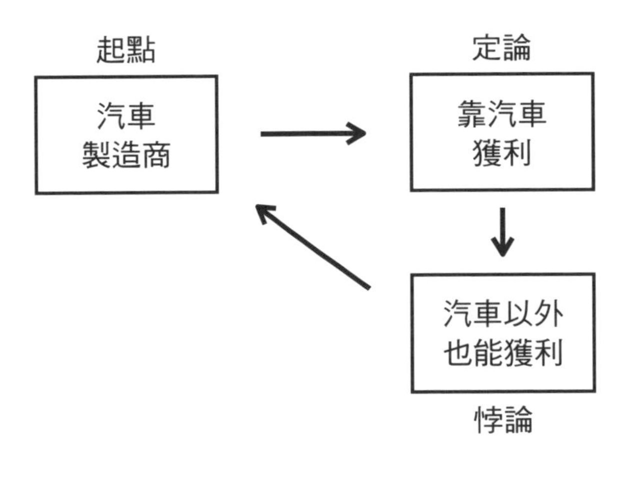

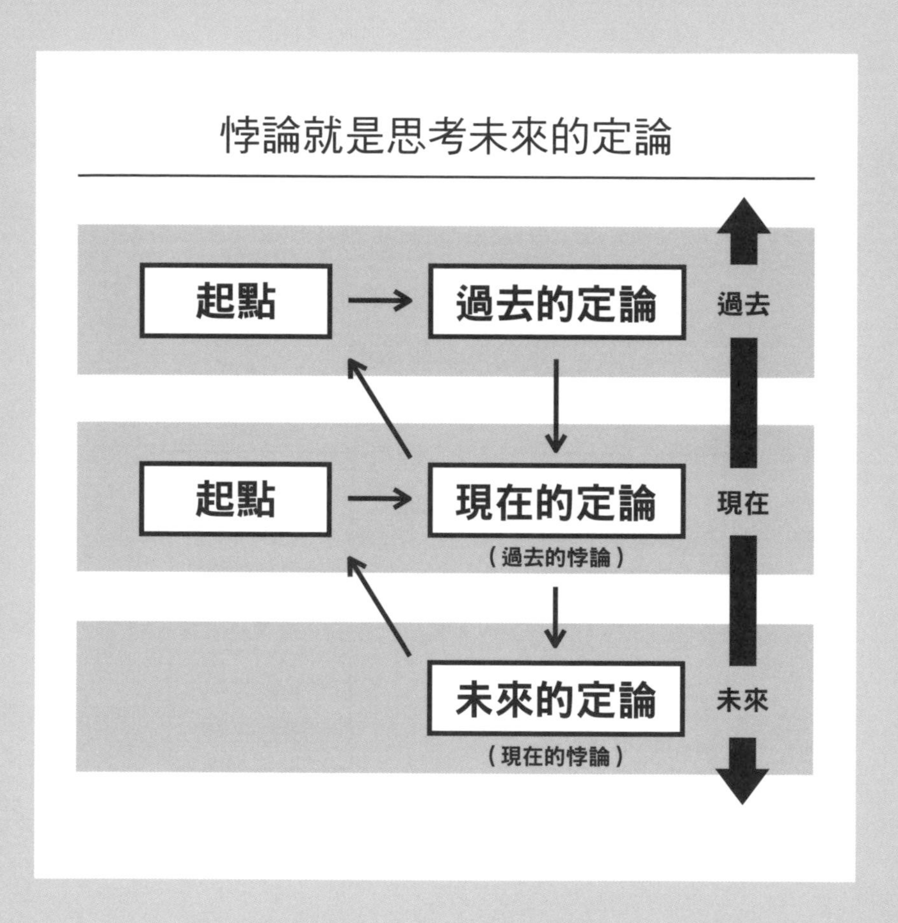
悖論就是思考未來的定論
起點
過去的定論
過去
起點
現在的定論
（過去的悖論）
現在
未來的定論
（現在的悖論）
未來

●「創造性」如何與會計相關聯？

可能有些人會認為這個主題似乎脫離會計的範疇，但其實兩者是相互關聯的。我在撰寫本書的期間，以新型冠狀病毒為首的傳染病給全球帶來無可估量的傷害，也改變了我過去所習慣的生活方式。過去曾一度發生雷曼事件的金融危機，經過這件事之後，人們的心中開始產生「重視短期觀點的資本主義，按照現在的方式發展是否可行？」這樣的疑問。

世界上存在著各式各樣的問題，如果不能及時處理，人類的永續發展計畫就會受挫。像機構投資人那樣進行大量金錢交易的人們，對於這件事都抱有危機意識，所以比起投資對整個社會和地球環境造成傷害的企業，這些人更傾向於投資關心這類議題的企業。為了讓公司能夠長期永續發展，必須具備價值判斷和建立相關的機制。

作為其中的一環，會計肩負著重要的功能。因為會計是資本主義社會中的主要參與者，也就是公司的絕對評價標準。也可以說，公司是受到會計規則的制約才形成動機。正因為有著會計規則上的規定，公司才會產生不得不提高利潤的想法。

有一種名為「非財務」的領域，它脫離了用數字替換的「財務」領域。公司對地球和社會做出多少貢獻，實在難以用數值來衡量。非財務領域固然被認為十分重要，但由於不容易反映在數字上，因此往往會受到忽視。

例如，假使公司對環境造成污染的話，在被究責污染環境的行為之前，會有很長一段時間都不會反映在會計數字上，等到被發現時已經為時已晚。然而，假設污染環境會導致利潤減少，這樣就會鼓勵企業朝不污染環境的方向發展。事實上，世界各地都在如火如荼地進行把環保成本轉換為數字，並將其包含在計算之中的研究。

此外，現行的會計規則並沒有將「人的價值」納入其中。經營團隊和員工的魅力只能間接地體現在商譽上，沒有用來直接衡量的指標。雖然薪資每年都會登載於PL上，但由於這不算資產，因此不能登載於BS上。也有人建議應該針對這個方面進行改善。

換句話說，目前無法用數字反映出來的「非財務」領域，隨著時代的需要，已逐漸被納入會計準則當中，公司的活動和員工的工作，都將因為會計而形成更強的動力。

我們必須迅速捕捉到這些動向，並遵循未來的會計準則採取行動，這就等同於將悖論的結構掌握在手中。瞭解現在的定論，經常思考「今後可能會產生什麼樣的悖論」，並付諸行動，這就是今後急劇變化的時代所需要的思考方式。

●並非「會計的書」

這本書並非所謂的「會計的書」。

並非教各位會計的基本原理。

也不要求努力學習簿記。

更不需要大家記住用語。

除了從事會計相關工作的人之外，不會強求大家一定要牢牢記住。

我想寫的並非這樣的書，我希望這本書可以通過公司和社會的資金流向，幫助大家思考每個人要如何面對目前的工作，以及如何面對未來的社會。

會計終究只是一面透鏡。

如果前面沒有想觀察的事物，它就不具意義。

若是能通過會計來想像個人與社會的連結，那麼眼前所看見的社會解晰度就會比現在來得更高，這樣一來，自己未來要怎麼做，應該也會逐漸變得清晰起來。

最後，我有一個請求。我希望大家能把這本書的讀後感發布在社群網站上。你所發現的、得到的、通過本書而想在未來嘗試的事，無論寫什麼內容都可以。就算只是引用印象深刻的部分也可以。

只要評論時附上「**會計地圖**」的標籤，我都會盡量全部看過一遍。

書並非雙向的媒體。讀者對於一本書的感受，作者幾乎沒有瞭解的機會。所以，我希望包括讀者和作者在內的所有人，透過在社群網站上彼此分享心得，一起思考要怎樣做才能讓會計變得既有趣又淺顯易懂，將其轉化為共享的知識。

後記

我對生意和金錢方面本來就不是很擅長。儘管如此，我為什麼撰寫會計的書呢？關於這一點我想在本書的最後稍微説明一下。

我創業過的公司，曾經進行「用創意支持社會問題」的活動，這使得我與在NPO等第一線面對社會問題的人們，對話次數開始增加了起來。表示想法的品牌標誌、傳達理念的電視廣告、募集捐款的網站、宣傳手冊等，所有能做的事我都嘗試過，但不管從事什麼活動，「資金」始終都是一大問題。

總而言之，就是資金短缺。缺乏資金就無法進行活動。社會問題的解決，本來就很難要求受益者負擔（獲得利益的人支付金錢）來進行活動。舉例來説，在解決兒童貧困問題的活動中，提供價值的對象是兒童及其家庭，但貧困的家庭並沒有能力拿出金錢作為代價。

儘管從事著社會所需的活動，但實在很難持續下去。面對社會問題，不僅需要創意，也要有相應的經濟合理性。但要兼顧到這兩方面真的很困難，這讓我不由得著急起來。

因為面臨這樣的問題，我決定到商學院就讀。開始學習之後，我才發現自己對商業活動的不擅長意識只不過是個人偏見，漸漸地覺得它很「有趣」。商業活動是富有創意，充滿人類智慧，且非常完善的一種結構。

喜歡「完善結構」的我，為了將商業活動的樂趣傳達給大家，於是在2018年和50人規模的社團成員一同出版了名為《圖解商業模式2.0》（台灣角川出版）的書，書中是以圖解的方式介紹全球100家企業的商業模式。對我來説，「圖解」不單單只是「畫成圖畫」的意思，我認為這是一種掌握某個概念的結構，弄清楚它是基於什麼樣的機制和規則所構成的方法。幸運的是，這本書受到不少人閱讀，共發行超過九萬本。

鑽石社的今野先生是本書的責任編輯，他是在2017年11月與我聯繫。我們一開始所討論的是以「商業模式圖解」為主題的書。然而，就在前幾天，另一家出版社也委託我撰寫相同的主題，而且已經有些進展。

因此，我向今野先生提出了「商務詞彙圖解」這個新的點子。這是將商務用語分為人力、物力、資金，分別進行圖解的企畫。除了會計用語之外，內容還包括五力分析、波特的基本戰略、組織變革的7S等框架在內的所有商務用語圖解。

在推動企畫的過程中，我有種資訊難以集中的感覺。因為牽涉的範圍過於廣泛，導致每一項內容都不夠深入。而且，市面上早就出現以「圖解說明商務用語」為主題的同類書籍。如果有人在做同樣的事，自己就沒有必要去做，因為這會讓我產生「先來先做」的想法。若非本書所介紹的「悖論」式企畫，我會提不起幹勁。

正當我煩惱「一定要從根本上改變做法」的時候，我在工作中寫了一篇題為〈進公司第一年不可不知的資金那些事〉的報導，這篇報導是用圖解的方式介紹了營業額、費用、利潤的關係，沒料到竟獲得超出預期的反響。

以這件事為契機，加上我在開頭提到過去自己意識到「商業活動中的經濟合理性」的問題，我決定不將人力、物力、資金一網打盡，而是把話題集中在「資金」上，從而找到撰寫會計書的方向。這個時候是2019年5月。

我當時原本是想介紹50個以上的會計用語，但後來我又產生「與其全面解說，更想專注在真正想要傳達的內容」的念頭，最終設計出這張「會計地圖」。這是一張結合PL和BS的簡單圖畫，只以顏色區分來表達用語。我將它發布在推特上後，獲得極大的迴響，相關的推文共得到超過一萬個點讚。

對這些推文有所回應的網友，主要是以從未接觸過會計的人居多。這些網友雖然覺得有學習會計的必要，但他們和從前的我一樣，總是自認自己沒辦法學好會計。我想為這些人撰寫一本「看入門書之前先閱讀的入門書」。

到目前為止，市面上大多數的會計書籍都是以「非學不可」為前提。一旦在「無可奈何」的情況下學習，往往就會變成死記硬背的方式。這樣的學習方向並非我所願，我希望這本書能給大家帶來「因為想學習而學習」或者「因為覺得有趣所以試著閱讀」的感覺。

也因此，為了讓讀者掌握會計的重點，我盡量減少用語的數量，並針對每個項目進行詳細的圖解。今後的商業活動將會如何發展？社會需要什麼？自己該怎麼做？本書就是為了解決這些與所有從事商業活動的人相關的廣泛問題，以及成為連接會計的橋梁而構成。

驀然回首，過程一波三折。能走到這一步，多虧了許多在背後支持我的人。我和妻子吉備友理惠是從撰寫本書之初開始相識，並於寫作的過程中完成婚姻大事，她一直是我的心靈支柱，於公於私都是我的好夥伴，我想在這裡對她表示感謝，很謝謝她經常在深夜不斷地給我反饋意見。另外，從一開始就一路陪伴著我，陪我參加所有的會議，對我不擅長的部分加以提點，和我一起完成這本書的沖山誠，我對他只有滿滿的感激，真的非常感謝他一直以來的協助。

對會計用語進行圖解的最初契機，是因為我過去在Globis商學院就讀的時候，被會計課程吸引的緣故。我要鄭重向松本泰幸老師表示感謝，上老師的課真的非常有趣。我在執筆的過程中也收到老師大量的反饋，如果沒有松本老師，這本書就無法完成。另外，我也非常感謝監修者岩谷誠治先生。為了讓初學者「輕鬆理解」，且兼顧會計「正確性」的平衡，他在最大限度上接受了我的想法；針對怎樣的記述才能達到最佳的平衡，他一直到最後都非常親切地幫我設想如何呈現這個困難的表達方式。

我的公司的成員，即使在我煩惱寫作的時期，也一如既往地守護著我。我也要向在初期付出努力的社團成員表示感謝。由於我的能力不足，導致寫作無法順利進行，但是通過和大家的討論，我得到很大的收穫。

我也要在這裡感謝責任編輯今野先生，想不到竟花了三年的時間才完成呢。我想，正是因為今野先生堅持不懈地發掘價值，這本書才得以誕生。還有很多支持我的人無法在這裡一一道出，要感謝的人實在不計其數。

如果這本書能讓更多的人感受到自己與社會的聯繫，讓大家都有對未來採取積極行動的機會，那就是我莫大的榮幸。

2021年3月　近藤哲朗

[作者]

近藤哲朗

1987年出生於東京。東京理科大學工學部建築系畢業，千葉大學研究所工學研究科建築和都市科學碩士專業課程結業。
現為株式會社SOROSORO代表董事社長，視覺智庫「圖解綜研」代表理事。曾於趣味法人KAYAC公司擔任總監，參與Web服務和App開發的設計和構建。2014年成立株式會社SOROSORO。
在以創造力解決社會問題、支援NPO和社會商業活動的過程中，深切地感受到「無論為社會貢獻再多，若缺乏經濟合理性，活動便難以持續下去」的焦慮，於是進入Globis管理學院管理研究科就讀，花了兩年時間專攻MBA學位。在學習的過程中發現商業結構的有趣之處，開始用圖解的方式向大家介紹商業模式和會計結構。2018年，以圖解介紹海外新創企業與大型企業商業模式的著書《圖解商業模式2.0：剖析100個反向思考的成功企業架構》（中文版為台灣角川出版）暢銷9萬本，其推出的「商業模式圖解」更於2019年度榮獲GOOD DESIGN AWARD獎的殊榮。
2020年，秉持「發明共同語言」的理念，設立「圖解總研」。通過與大型企業、研究機關、政府的共同研究，致力於環境問題、政策、共創的圖解。

沖山誠

1995年出生於東京。現為「圖解總研」理事，明治大學管理學院會計系畢業。
曾於管理顧問公司任職，後來成為自由職業者至今。目前在部落格平台note開設專欄，以圖解方式解說商業和教養書籍，廣受好評，追蹤人數超過3萬。也多次主持以圖解為基礎的「不讀書也能參加的讀書會Booked」，客戶對象包含大型企業和教育機構等。

[監修者]

岩谷誠治

株式會社會計意識代表董事。註冊公認會計士、系統監查技術者。早稻田大學理工學院畢業。曾任職於資生堂、朝日監查法人（現AZSA監查法人）、Arthur Andersen顧問公司，2001年開設岩谷誠治公認會計士事務所。目前除了寫作外，也對外指導會計知識在商業方面的應用，並擔任日經商學院、瑞穗研討會講師等職務。

會計地圖

只要一張圖，就能完全看懂金錢的流向！

出　　版／楓葉社文化事業有限公司
地　　址／新北市板橋區信義路163巷3號10樓
郵 政 劃 撥／19907596 楓書坊文化出版社
網　　址／www.maplebook.com.tw
電　　話／02-2957-6096
傳　　真／02-2957-6435
作　　者／近藤哲朗、沖山誠
監　　修／岩谷誠治
翻　　譯／趙鴻龍
責 任 編 輯／江婉瑄
內 文 排 版／洪浩剛
校　　對／邱鈺萱
港 澳 經 銷／泛華發行代理有限公司
定　　價／380元
初 版 日 期／2022年7月

國家圖書館出版品預行編目資料

會計地圖：只要一張圖，就能完全看懂金錢的流向！/ 近藤哲朗, 沖山誠作；趙鴻龍翻譯. -- 初版. -- 新北市：楓葉社文化事業有限公司, 2022.07　面；　公分
ISBN 978-986-370-429-4（平裝）
1. 會計學
495.1　　111006806